粮食作物
绿色稳产高产技术模式

农业农村部种植业管理司
全国农业技术推广服务中心

U0364733

中国农业出版社
北 京

图书在版编目（CIP）数据

粮食作物绿色稳产高产技术模式／农业农村部种植业管理司，全国农业技术推广服务中心编. —北京：中国农业出版社，2022.5（2023.10重印）
ISBN 978-7-109-29360-1

Ⅰ.①粮… Ⅱ.①农… ②全… Ⅲ.①粮食作物－高产栽培 Ⅳ.①S51

中国版本图书馆 CIP 数据核字（2022）第 068513 号

粮食作物绿色稳产高产技术模式
LIANGSHI ZUOWU LÜSE WENCHAN GAOCHAN JISHU MOSHI

中国农业出版社出版
地址：北京市朝阳区麦子店街 18 号楼
邮编：100125
责任编辑：闫保荣
版式设计：王　晨　责任校对：沙凯霖
印刷：三河市国英印务有限公司
版次：2022 年 5 月第 1 版
印次：2023 年 10 月河北第 4 次印刷
发行：新华书店北京发行所
开本：700mm×1000mm　1/16
印张：12.25
字数：172 千字
定价：28.00 元

　　党的十八大以来，以习近平同志为核心的党中央把粮食安全作为治国理政的头等大事，提出了"确保谷物基本自给、口粮绝对安全"的新粮食安全观，确立了以我为主、立足国内、确保产能、适度进口、科技支撑的国家粮食安全战略，走出一条中国特色粮食安全之路。当前，我国粮食供求紧平衡的格局没有改变，确保粮食安全的弦要始终绷得很紧。为实施"藏粮于地，藏粮于技"战略，不断巩固和提升粮食产能，全国农业技术推广服务中心联合农业农村部粮食作物专家指导组和有关专家，聚焦水稻、小麦、玉米、大豆四大作物，集成了 40 套生产技术模式和 20 套病虫害绿色防控模式，供相关专业技术人员、科研人员以及生产经营主体等学习参考。

　　本书是在农业农村部种植业管理司指导下完成的，并得到了各级农技推广机构和有关科研院校专家的大力支持，在此表示衷心感谢。书中难免有错漏之处，恳请各位读者批评指正。

编　者
2021 年 12 月

前言

第一部分　生产技术模式

水　稻

小　麦

目　录

第二部分　病虫害绿色防控模式

第一部分

DIYI BUFEN

生产技术模式

水 稻

水稻叠盘暗化育秧机插技术模式

水稻叠盘暗化育秧机插技术模式是针对传统水稻机插育秧存在秧苗质量差、烂种烂秧死苗风险大及育秧规模小、社会化服务能力弱等问题，创新的水稻机插秧盘"1＋N"育秧模式（1个育秧中心，N个育秧点）。目前，该技术在我国长江中下游稻区浙江、江西、湖南、福建等省大面积推广应用，增产效果显著，与传统机插育秧技术相比，出苗整齐，成秧率提高 15％～20％。2020 年，该技术在湖南、江西、江苏等省推广应用超 1 000 万亩*。

一、技术要点

（一）品种选择

根据水稻前后作茬口搭配及生态条件，选择确保能安全齐穗期水稻品种，双季稻区应注意早稻与连作晚稻品种生育期合理搭配。

（二）种子处理

种子发芽率常规稻要求 90％，杂交稻 85％以上。种子经选种、浸种消毒、催芽处理，先晒种 1～2d，以提高种子发芽势和发芽率，然后

---

* 1亩≈667m²。

用盐水或清水选种。种子需药剂浸种,防治恶苗病等病害。浸种时间根据品种类型、环境温度确定。浸种后种子采用适温催芽,催芽要求"快、齐、匀、壮",温度控制在 32℃。当种子露白,摊晾后即可播种。

(三)育秧土或基质准备

建议采用水稻机插专用育秧基质育秧,确保育秧安全,培育壮苗。有条件的地方,可选择培肥调酸的旱地土,旱地土育秧应选择 pH 为中性偏酸、疏松通气性好、有机质含量高、无草籽、无除草剂、无病虫源的肥沃土壤。做好土壤调酸、消毒,防止立枯病等病害。

(四)适期播种

南方早稻在 3 月气温变暖播种,秧龄 25~30d;南方单季稻一般在 5 月中下旬至 6 月初播种,秧龄 15~20d;连作晚稻根据早稻收获合理安排播种期,秧龄 15~20d。北方根据作物茬口、水稻生长期及气温情况确定播种期及秧龄。

(五)流水线播种

根据品种类型、季节和秧盘规格合理确定播种量,南方双季常规稻播种量,9 寸*秧盘一般 100~120g/盘,每亩 30 盘左右;杂交稻可根据品种生长特性适当减少播种量;单季杂交稻 9 寸秧盘播种量 70~90g/盘,7 寸秧盘按面积做相应的减量调整。选择叠盘出苗的专用秧盘,采用播种均匀、播量控制准确、浇水到位的播种流水线播种,一次性完成放盘、铺土、镇压、浇水、播种、覆土等作业。流水线末端可加装叠盘机构及配装自动上料等装备。播种前做好机械调试,调节好播种量、床土铺放量、覆土量和洒水量。

---

* 1 寸=1/30m。

（六）叠盘出苗

将流水线播种后的秧盘叠盘堆放，每 25 盘左右一叠，最上面放置一张装土而不播种的秧盘，每个托盘放 6 叠秧盘，约 150 盘，用叉车运送托盘至控温控湿的出苗室，温度控制在 31℃左右，湿度控制在 90％以上。放置 48h 左右，待种芽长 0.5cm 时用叉车移出，供给各育秧点育秧。

（七）摆盘育秧

早稻摆放在塑料大棚内或秧板上搭拱棚保温保湿育秧，单季稻和连作晚稻可直接摆秧田秧板育秧，有条件的可放入防虫网在大棚内育秧。

（八）秧苗管理

南方稻区早稻播种后即覆膜保温育秧，棚温控制在 22～25℃，最高不超过 30℃，最低不低于 10℃，注意及时通风炼苗，以防烂秧和烧苗。采用旱育秧方法，注意做好苗期病虫害防治，尤其是立枯病和恶苗病的防治。

（九）壮秧要求

秧苗应根系发达、苗高适宜、茎部粗壮、叶挺色绿、均匀整齐。南方早稻 3.1～3.5 叶，苗高 12～18cm，秧龄 25～30d；单季稻和晚稻3.5～4.5 叶，苗高 12～20cm，秧龄 15～20d。

（十）病虫害防治

秧田期间重点防治立枯病、恶苗病、稻蓟马等。立枯病防治首先做好床土配制及调酸工作，中性或微碱性土壤需施用壮秧剂或调酸剂进行土壤调酸处理，把 pH 调至 6.0 以下，同时做好土壤消毒；恶苗病防治首先选栽抗病品种，避免种植易感病品种，并做好种子消毒处理，建议用氰烯菌酯、咪鲜胺等药剂按量浸种，提倡带药机插。

二、适宜区域

适合在长江中下游稻区、华南稻区、西南稻区等水稻生产中推广应用。

三、注意事项

早稻种子叠盘出苗，秧盘从暗室转运出来，室内外温差不宜太大，注意转运前先让出苗室通风降温 1～2h，再将出苗秧盘移出出苗室。

目前南方生产上水稻秧苗较多在大棚育秧，机插前需做好炼苗，增强秧苗抗逆性。

（主笔人：朱德峰　万克江）

水稻毯苗机插高产高效技术模式

该技术模式以高产为目标，通过培育壮秧、控制秧龄、合理确定栽插密度和基本苗、科学水分管理和精确肥料运筹等措施，可实现稳定增产 8% 以上。

一、技术要点

（一）选择适宜品种

根据当地温光资源条件及茬口布局，选择通过国家或地方审定、生育期适宜、优质、高产、抗逆、适应性好、发芽率和分蘖力适宜的适于机械化作业的水稻品种。

（二）培育适插壮秧

采用塑盘培育适插壮秧，根据移栽期及适宜秧龄（叶龄）精确计算适宜播种期，根据基本苗、种子粒重等精确计算播种量，杂交稻每亩大田备种 1.5～2.5kg、常规稻 3～3.5kg。适宜机插的壮秧，一般叶龄 3.5 叶、秧龄 18～20d。

（三）合理确定基本苗

根据秧苗素质、分蘖特性、产量构成等因素，按照基本苗公式计算栽插基本苗，合理配置行、株距，确定秧爪取秧量，常规粳稻基本苗 6 万～8 万/亩，杂交稻 3 万～4 万/亩。

（四）科学水浆管理

坚持薄水栽插、浅水护苗、夜露促根立苗、活水促蘖、适时搁田、薄水孕穗、间歇灌溉等水浆管理方法，合理促控群体。

（五）精确肥料运筹

根据精确定量栽培原理及机插小苗群体分蘖发生与生长发育特点，参考当地测土配方施肥推荐施肥量，精确计算总用氮量及前后期运筹比例，注意氮、磷、钾平衡施用。

（六）综合防治病虫草害

根据水稻病虫害发生规律，开展综合防治，有效控制病虫危害。

二、适宜区域

机械化生产条件好、温光资源充裕、茬口布局合理的水稻产区。

三、注意事项

根据区域、品种、茬口合理确定播种期和栽插密度。

（主笔人：黄见良　万克江）

水稻精确定量高产高效技术模式

根据水稻生育和高产形成规律，该技术模式实现生育进程、群体动态指标、栽培技术措施"三定量"，生产上做到生育依模式、诊断按指标、调控有规范、措施更精准，达到"高产、优质、高效、生态、安全"的综合目标。目前已在全国水稻主产区 17 个省（自治区、直辖市）示范推广，亩增产 8%～17%。

一、技术要点

（一）不同类型水稻品种高产优质形成的生育量化指标及其诊断技术

根据水稻出叶和各部器官生长之间的同步、同伸规则，依叶龄进程对水稻品种各部器官（根、叶、蘖、茎、穗）的建成和产量因素形成在时间上作精确定量诊断。重点是在掌握水稻品种主茎总叶片数（N）、伸长节间数（n）基础上，明确与应用有效分蘖临界叶龄期（$N-n$）、拔节叶龄期（$N-n+3$）、穗分化叶龄期（叶龄余数 3.5－0）等生育关键时期共性生育指标与精确定量诊断方法，使众多的品种归类，实现栽培技术模式化、规范化。

（二）标准壮秧定量化培育技术

根据不同地区种植制度与栽培方式，选择最适宜的育秧方式，培育苗矮壮敦实、生长整齐、叶色翠绿、无病斑、叶身直立、茎基部扁平、根系发达粗白的适龄壮秧，其共性核心量化诊断指标是秧苗器官生长基本符合同伸同步规则。

（三）基本苗精确定量技术

水稻群体基本苗公式：X（亩合理基本苗）＝Y（每亩适宜穗数）$/ES$（单株可靠成穗数），进行群体基本苗精确计算。式中 ES 由移栽时带蘖成活数与本田期至有效分蘖临界叶龄期发生的分蘖数两部分组成。具体预算本田期有效分蘖发生数时，则根据移栽活棵后至 $N-n$ 叶龄期以前的有效分蘖叶龄数和相应的分蘖理论值，以及当地高产田平均的分蘖发生率（高产栽培籼型杂交稻一般取 0.8，粳稻取 0.7）来计算。

（四）精确定量施肥技术

根据斯坦福的差值法公式计算施氮量：施氮总量（kg/亩）＝（目标产量需氮量－土壤供氮量）/氮肥当季利用率。单季粳稻亩产 600～700kg 的百千克稻谷需氮量为 1.9～2.0kg，基础产量 300～400kg 的地力水平的每百千克稻谷的需氮量为 1.5～1.6kg，氮素当季利用率为42.5%（40%～45%）。氮肥运筹，大、中、小苗高产栽培的基蘖肥与穗肥比例分别为 4∶6、5∶5、6∶4，前茬作物秸秆全量还田条件下，基蘖肥比例提高 10 个百分点；穗肥在中期叶色褪淡后于倒 4、倒 2 叶施入。磷、钾肥用量按当地测土配方施肥比例而定；磷肥基施，钾肥50%作基肥，50%作拔节肥。

（五）节水灌溉技术

按活棵返青期、有效分蘖期、控制无效分蘖期、长穗期和抽穗结实期 5 个时期精确定量实施。①活棵返青期采取 2～3cm 水层与间隙露田通气相结合，特别是秸秆还田条件下，在栽后 2 个叶龄期内应有 2～3 次露田。其中，水稻机插小苗移栽后一般宜湿润灌溉；②移栽后长出第 2 张叶片后，应结合施分蘖肥、化除建立 2～3cm 浅水层；③当全田茎蘖数达到预期穗数 80％左右时及早自然断水搁田，直至拔节期通过2～3次轻搁，使土壤沉实不陷脚，叶片挺起，叶色显黄；④拔节后的整个长穗期实施浅水层间歇灌溉，以促进根系增长，控制基部节间长度和株高，使株型挺拔、抗倒，改善受光姿态；⑤开花结实期实施湿润灌溉，保持植株较多的活根数及绿叶数，植株活熟到老，提高结实率与粒重。

二、适宜区域

适宜我国水稻各主产区。

三、注意事项

掌握当地水稻主推品种类型主茎总叶片数、伸长节间数、高产结构等关键参数，明确调控群体质量的关键叶龄期与对应的定量生育诊断指标。掌握精确定量基本苗、施肥等栽培技术参数及计算方法。

（主笔人：戴其根　程映国）

水稻机插侧深施肥高效技术模式

针对水稻生产机械化程度低、肥料施用不科学、氮肥利用率低等问题，通过多年试验示范水稻机插与施肥一体化，肥料机械定位深施及缓控释肥料施用，研发集成了水稻机插侧深施肥技术模式。该技术通过机插侧深施肥、施用缓控释肥料等，实现了肥料深施，且施于水稻根区，减少了肥料损失，提高了肥料利用率。根据多年多点试验，水稻机插侧深施肥技术模式，比传统撒施对照增产稻谷 5%～10%，减少氮肥用量15%左右。

一、技术要点

（一）培育壮苗

采用水稻机插叠盘出苗育秧技术模式培育壮秧，在育秧场地采用旱育秧方式及操作规范，培育根白而旺、扁蒲粗壮、苗挺叶绿、秧龄适宜、均匀整齐的标准壮苗。

（二）土壤耕作

土壤要有一定耕深（在 20cm 以上），土地平整，不过分水耙，埋好还田秸秆等杂物；水整地精细平整，泥浆沉降时间最好为 10d 以上，软硬适度，以指划沟缓缓合拢为标准；插秧时要求插秧机匀速作业，避免缺株、倒伏、歪苗、埋苗；肥料粒型整齐，硬度适宜，用量准确，施肥均匀，严防堵塞排肥口。

（三）插秧

根据作物茬口及水稻安全抽穗成熟要求，确定插秧时期。根据水稻品种、栽插季节，选择适宜机插规格和密度，提高机插效果。

（四）施肥管理

选择性状稳定不堵肥适合水稻机插侧深施肥的专用肥料，肥料颗粒直径范围应在 2～5mm，符合水稻优质高产营养生长需求。侧深施肥量可等于或少于传统的基肥和蘖肥的施用量，一般占氮肥总量的 60%～100%，其余氮肥可做基肥或穗肥。磷肥可作为侧深施肥施入或基肥加施。钾肥部分作为侧深施肥施入，其余作为穗肥追施。

（五）水层管理

整完地后用水来调整泥的硬度，插秧后保持水层促进返青，水稻分蘖期灌水 3～5cm，水稻生育中期根据分蘖、长势及时晾田，晾田后采用浅湿为主的间歇灌溉法，蜡熟初期排干。

（六）收获

按优质米生产要求在水稻穗部黄化完熟率达到 95% 以上时适时收获。

二、适宜区域

适宜我国水稻各主产区。

三、注意事项

插秧时需调整好侧深施肥机械排肥量，保证插秧机各排肥口的排肥量均匀一致。在田间作业时，要注意排肥量变化，要及时检查调整。

（主笔人：朱德峰）

水稻钵体大苗机插高产技术模式

该技术模式通过培育标准化钵苗壮秧、精确机插、配套肥水管理等措施，解决常规毯苗机插秧龄小、断根植伤重、缓苗期长的突出问题，可延长秧龄15d以上，亩增产8%～15%，水稻品质显著改善，适合在多熟制或热量条件紧张地区应用。目前已在江苏、黑龙江、浙江等10多个省示范推广。

一、技术要点

（一）培育标准化壮秧

培育标准化壮秧是水稻钵苗机插优质高产栽培的最根本、最前提性核心技术。

1. 壮秧标准。钵苗机插栽培的关键在于培育标准化壮秧。秧龄25～30d左右，叶龄5.0左右，苗高15～20cm，单株茎基宽0.3～0.4cm，平均单株带蘖0.3～0.5个，单株白根数13～16条。成苗孔率：常规稻≥95%，杂交稻≥90%。平均每孔苗数：常规粳稻3～5苗，杂交粳稻2～3苗，杂交籼稻2苗左右；单株带蘖率：常规稻≥30%，杂交稻≥50%。

2. 制作平整秧板。根据钵盘对放，制作畦宽1.6m的秧板，要求畦面平整，做到灌、排分开，内、外沟配套，能灌能排能降。并多次上水整田验平，高差不超过1cm。摆盘前畦面铺细孔纱布（<0.5cm×0.5cm），以防止根系窜长至底部床土中导致起盘时秧盘底部粘带土壤。

3. 精确播种。常规粳稻每孔播种4～5粒为宜，可成苗3～4苗；

每盘播干种量 60g 左右。杂交粳稻每孔播种 3 粒为宜，可成苗 2～3 苗。杂交籼稻，每孔播种 2～3 粒，可成苗 2 苗。

4. 暗化齐苗。育秧中采用暗化技术，利于全苗齐苗。播种时淋足水分，叠盘暗化出苗。叠放高度 25～30 张，底部用空秧盘等架空或垫高，上下两张秧盘十字交错，上面秧盘的孔放置在下张秧盘的槽上，顶部放一张空秧盘，每摞叠放的秧盘间留有一定空隙，用黑色塑料布或草帘包裹。暗化 3～5d 后，待苗出齐、不完全叶长出时即可下田。

5. 摆盘。将暗化好的塑盘带线并排对放，盘间紧密铺放，秧盘与畦面紧贴不能吊空。秧板上摆盘要求摆平、摆齐。

6. 旱育化控。旱育壮秧。1～3 叶期，晴天早晨叶尖露水少时要及时补水；3 叶期后，秧苗发生卷叶于当天傍晚补水；4 叶期后，注意控水，以促盘根；移栽前 1d，适度浇好起秧水，施每盘 5g 复合肥送嫁肥，同时喷施送嫁药。

7. 两次化控壮秧。第一次，秧盘钵孔中带有壮秧剂的营养土能矮化壮秧；第二次，于秧苗 2 叶期，每百张秧盘可用 15% 多效唑粉剂 4g，兑水喷施，喷雾要均匀。

（二）精确机插

水稻钵苗插秧机的行距有等行距（行距 33cm）与宽窄行（宽行 33cm、窄行 27cm，平均行距 30cm）两种。

单季稻的大穗型品种，宜选等行距插秧机。常规粳稻一般采用株距 12cm，亩插 1.68 万穴，每穴 3～5 苗，亩基本苗 6 万～7 万。杂交粳稻采用株距 14cm，亩插 1.44 万穴，每穴 2～3 苗，亩基本苗 3 万～4 万。籼型杂交稻繁茂性强，可采用株距 16cm，亩插 1.26 万穴，每穴 1～3 苗，亩基本苗 3 万左右。

单季稻的中小穗型品种及双季稻品种，宜选宽窄行插秧机，常规粳稻一般采用株距 12cm，亩插 2 万穴，每穴 4～5 苗，亩基本苗 8 万～10 万。杂交稻采用株距 14cm，亩插 1.7 万穴，其中杂交粳稻每穴 3 苗，亩基本苗 4 万～5 万,杂交籼稻每穴 2～3 苗,亩基本苗 4 万左右。

栽插过程中要保证接行准确,插深一致,一般栽深控制在 2.5～3.0cm 范围内。

(三)精确施肥

氮肥的基蘖肥与穗肥适宜比例为 6∶4,在前茬作物秸秆全量还田条件下,氮肥基蘖肥与穗肥适宜比例为 7∶3。分蘖肥早施,一般移栽后 3～5d,促花肥应在倒 4 叶或倒 3 叶期施用。磷肥一般全部作基肥使用;钾肥 50% 作基肥、50% 作促花肥施用。

(四)科学管水

薄水栽秧,浅水分蘖,够苗到拔节期分次轻搁田,拔节至抽穗"水—湿—干"交替,灌浆结实期"浅—湿—干"交替。

二、适宜区域

适宜我国水稻各主产区。

三、注意事项

该技术示范推广过程中,掌握机插钵苗标准化壮秧培育方法,特别是控种(苗数)、控水、化控及暗化技术,提高钵孔成苗率。摆盘前铺设细孔纱布(切根网),方便起盘。播种盖土时清理好孔间土,秧田期水不能漫过秧盘面,防止孔间秧苗串根而影响机插。

(主笔人:戴其根)

双季稻全程机械化高产技术模式

该技术模式针对南方稻区尤其是长江中下游双季稻机插存在的季节制约、机插效果差、机械及栽培不配套等问题,集成了优化品种搭配、履带旋耕整田、种植模式创新、稻田机械开沟、精准高效施肥、病虫统防统治等关键技术,实现了双季稻全程机械化作业及高产高效。该模式在南方双季稻区生产应用,每亩双季机插水稻产量可达 1 200kg,增产稻谷 5%~10%,增效可达 300 元左右。

一、技术要点

(一) 优化品种搭配

结合早稻机直播和机插秧及晚稻机插秧水稻生长季节及特点,按照不同地区双季稻光温热量及作业季节安排,选择病虫抗性强、肥料利用率高的品种,优化早稻与连作晚稻品种生育期合理搭配,如早熟+中熟,中熟+中熟,争取双季全年高产。早稻选择早熟或中偏早熟的高产品种,长江中下游生育期在 110d 左右。晚稻根据早稻收获期,选择熟期中熟偏早、耐迟播迟栽、分蘖快、感光性较强,苗期耐高温、后期耐寒性强,能安全灌浆成熟的优质高产品种。

(二) 机械耕整地

早稻移栽前 10d 选择适宜机械进行耕整地,以旋耕为主,犁耕为辅,旱旋与水旋相结合。结合翻耕施有机肥和钙镁磷肥,移栽前 1~2d 灌浅水旋耕,后灌耙平,待泥土沉实后机械移栽。早稻收获选用带切草装置的收割机，稻草粉碎还田，收割机割茬高度应在 15cm 以下。选用履带旋耕机旋耕，提高晚稻整地水平和机插效果。采用机直播的，需要开沟作畦，畦宽度与直播机配套，一般沟宽 30cm，深 20cm。

（三）种植方式选择

根据当地生产模式及品种生育特性，选择适宜的机械化种植方式，早稻选择机插秧或机直播，晚稻应以机插为主。长江中下游地区早稻机直播在 3 月底前整田，4 月上旬用精量直播机械选择晴天进行播种，气温较高的年份和地区可适当提前，以利早稻提早成熟。

（四）培育壮秧

机插育秧建议采用叠盘出苗育秧，长江中下游地区早稻 3 月中下旬播种，秧龄 25～30d；晚稻根据早稻收获期及种植方式确定播期，机插秧播种期 6 月底至 7 月初，秧龄 18～25d。播种前做好晒种、脱芒、选种、药剂浸种和催芽等，选用育秧基质，也可采用旱地土及泥浆育秧，旱地土要求土壤调酸、培肥和清毒，早稻要求 pH 在 4.5～6.0。根据插秧机类型，选用 9 寸秧盘或 7 寸秧盘。播种量常规稻 9 寸盘 90～120g/盘，每亩 30 盘左右，7 寸盘 75～100g/盘，每亩 40 盘左右；杂交稻 9 寸盘 60～80g/盘，7 寸盘 50～70g/盘。选用播种流水线播种，秧盘水要浇透，覆盖不露种子。将播种好的秧盘叠放，保温保湿 2d 左右，当出苗 0.5cm 时，将秧盘摆放到苗床。早稻注意覆膜保温育秧，根据气温变化掌握揭膜通风时间和揭膜，膜内温度保持在 15～30℃之间。晚稻播种后搭建拱棚盖遮阳网或无纺布防暴雨和雀害，出苗后及时揭开遮阳网或无纺布。秧苗见绿后用 300mg/kg 多效唑溶液每亩 30kg 均匀喷施控制秧苗生长。移栽前1～2d，选用防治苗期病虫药剂喷雾秧苗，做到带药栽插。

（五）机插秧或机直播

根据插秧机及品种类型合理安排密植，保证充足苗数和有效穗数。

可选用普通 30cm 行距、宽窄行及窄行插秧机。30cm 行距插秧机机插的，常规稻机插株距为 12～13cm，密度 1.7 万～1.9 万穴，每穴 4～5 株苗，杂交稻株距 14～16cm，亩插密度 1.4 万～1.6 万穴，每穴 3～4 株苗；25cm 行距的插秧机机插的，常规稻机插株距为 12～14cm，密度 1.9 万～2.2 万穴，每穴 4～5 株苗，杂交稻株距 16～18cm，亩插密度 1.5 万～1.7 万穴，每穴 3～4 株苗。早稻精量机直播常规稻播种量亩 3～6kg。

（六）精准施肥

根据水稻目标产量及土壤肥力，结合测土配方施肥制定施肥量，培育高产群体。推荐施用有机肥，实施减氮增效。一般单季亩施氮肥用量 8～11kg，氮、磷（P_2O_5）、钾（K_2O）比例为 1∶0.4∶0.6。其中磷肥做基肥施用，钾肥做基肥和穗肥各 50% 施用。氮肥分基肥、分蘖肥和穗肥比例分别为 50∶30∶20，分蘖肥可以二次施用，以达到合理控制群体目标。

（七）节水灌溉

早稻机直播后及时开沟排水，确保出苗整齐。机插水稻在插后应及时灌浅水（2～3cm 水层）护苗活棵，促进返青成活、扎根立苗。返青分蘖后间歇灌溉，水层以 2～3cm 为宜，并适时露田，落干后再上水，做到以水调肥、以水调气、以气促根，促进分蘖早生快发。移栽后 15d 左右田间基本无水层时，用耘田工具进行耘田搅土送气除草，促进根系生长。达到 80% 穗数的苗数或有效分蘖末期，采用开沟机开好丰产沟，及时排水搁田，控制无效分蘖，提高成穗率。拔节长穗期应保持 10～15d 的 2～3cm 的浅水层，开花结实期干湿交替，收割前 5～7d 断水。

（八）病虫草防治

早稻直播田采用一封一杀或一封二杀控杂草，机插田在插秧后 5d

左右，选用适宜除草剂，施用时，田间保持水层 3～5cm。病虫防控要重点抓好秧田期和抽穗前后两个关键时期，及时根据植保部门的病虫预测预报，选择对口农药，防治好秧田立枯病和大田二化螟、稻飞虱、稻瘟病和纹枯病等。建议选用喷杆喷雾机、无人机等药械喷雾，做到综合防控、绿色防控。

（九）机械收获

当谷粒全部变硬、穗轴上干下黄、谷粒成熟度达到 90%～95% 时，用 35hp* 以上的半喂入联合收割机或 55hp 以上的全喂式联合收割机收获。

二、适宜区域

我国华南、长江中下游双季稻区生产应用。

三、注意事项

一是注意双季稻机械化生产品种的合理搭配，实现双季高产。二是晚稻育秧要根据早稻收获及晚稻品种特性合理安排播种期，并注意用多效唑等生长调控剂做好晚稻秧苗生长调控。

（主笔人：朱德峰　冯宇鹏）

---

* 1hp≈735W。

超级稻高产高效栽培技术模式

针对超级稻品种生长和产量形成特性，以及不同稻区超级稻品种生态和种植方式特点，在研发超级稻高产栽培关键技术基础上，集成了超级稻高产栽培技术模式，为我国超级稻大面积推广应用提供技术支撑。该技术模式已在我国长江中下游稻区、华南稻区、西南稻区、东北稻区等主要稻区大面积应用，年推广面积超过 3 000 万亩，亩均增产稻谷5%~10%，增效 80~120 元。

一、技术要点

（一）选择适宜的超级稻品种

因地制宜选择农业农村部确定的超级稻品种。

（二）适时精量播种，培育壮苗

根据超级稻品种或组合生育特性安排适宜播种期和移栽期。在精量播种的基础上，配合浅水灌溉，早施分蘖肥，化学调控，病虫草防治等措施，达到苗匀、苗壮，秧田在 4 叶期左右看苗施一次平衡肥，并在移栽前 3~4d 施起身肥。

（三）宽行稀植，定量控苗

超级稻组合一般植株较高，生长量大。如果密度过高，行距小，会引起群体通风透光不良，病虫防治困难。要根据超级稻品种特性，合理确定适宜株行距，定量控制基本苗。

（四）好气灌溉，发根促蘗

在整个水稻生长期间，除水分敏感期和用药施肥时采用间歇浅水灌溉外，一般以无水层或湿润灌溉为主，使土壤处于富氧状态，促进根系生长，增强根系活力。

（五）精准施肥，提高肥料利用率

根据水稻目标产量及植株不同时期所需的营养元素量及土壤的营养元素供应量，计算所施的肥料类型和数量。同时结合不同生长期植株的生长状况和气候状况进行施肥调节。肥料的施用与灌溉结合，以改善根系生长量和活力，提高肥料的利用率和生产率。

（六）综合防治病虫草害

超级稻品种在高温高湿或多雨不透气环境下容易感染纹枯病或稻瘟病和受稻飞虱的危害，要密切注意天气变化，并根据病虫测报资料，及时做好防治工作，采取科学的防治策略，提高病虫草害防治效果。

二、适宜区域

适宜我国水稻各主产区。

三、注意事项

根据不同稻区超级稻品种布局和不同种植方式适应性，合理选择品种。

（主笔人：朱德峰　万克江）

优质稻机插高产栽培技术模式

优质水稻机插高产栽培技术模式，围绕优质水稻品种应用，创建了"三控"标准化育秧、"三因"精确化机插、"三早"模式化调控为核心内涵的技术模式。该技术模式解决了毯苗机插秧小苗弱与大田早发不协调、穴苗多而不匀导致个体和群体不协调、群体数量不稳定导致生长前中后期不协调等问题。目前已在苏、皖、鄂、赣等地广泛应用。

一、技术要点

（一）选用优质水稻品种

选用国家或地方审定的优质丰产品种，以经国家、省级有关协会、科研单位评鉴认定具有优良食味的水稻品种为宜。

（二）"三控"培育标准化壮秧

1. 壮秧标准。培育标准化壮秧是优质水稻机插高产的关键。适宜机插的标准化秧苗，根系发达、苗高适宜、茎部粗实、叶挺色绿、根部盘结牢固。土层或基质层厚度均匀一致，四角垂直方正，不缺边少角，苗齐苗匀，秧苗个体健壮。不同类型水稻具体壮秧标准见表1。

2. 精作秧板。南方单季稻和双季晚稻秧板制作，可选用水田土，含有机质高的旱田土或山地腐殖土。秧板制作前施足底肥，每亩施45%的复合肥（15 - 15 - 15）25～30kg。秧板规格为畦面宽1.4～1.5m，沟宽0.25～0.3m，沟深0.15～0.2m，田周围沟宽0.3m，深0.3m。在播种前10～15d上水秒田耙地，开沟做板，秧板做好后排水晾板，使板面沉实，播前两天铲高补低，填平裂缝，并充分拍实，板面达到"实、平、光、直"。北方稻区水稻和双季早稻，育秧期温度低，可选择地势平坦，背风向阳，交通方便的地块建造育秧温室。温室适宜高度 4.2m，室内净高 3.2m，外遮阳高 4.7m，宽度及长度根据实际需要确定。温室作为出苗室。连栋钢架大棚或单体钢架大棚建设应选择地势平坦、背风向阳的田块。棚内安装微喷灌、通风等设备。

表1 不同类型水稻壮秧标准

类型	秧龄 (d)	叶龄 (叶)	苗高 (cm)	百株地上部干重 (g)	根数 (条/株)
北方常规粳稻	30～35	3.1～3.5	12～18	2 左右	12～14
南方单季稻	15～25	3.0～4.0	12～20	2.0～2.5	≥10
南方双季早稻	20～30	3.1～4.5	12～18	≥2.0	10～13
南方双季晚稻	15～18	3.0～3.5	15～20	≥2.0	≥10

3. 精量控种。各地根据水稻优质高产形成的温光需求合理安排适宜播种期。根据优质水稻品种的千粒重，精量控制每盘（秧盘规格 30cm×60cm）播种量。一般千粒重 25～28g，北方稻区常规粳稻，播种量 110～130g/盘。南方稻区单季常规稻播种量 100～120g/盘，杂交稻播种量 60～80g/盘。南方稻区双季早稻（常规稻为主）播种量 100～120g/盘，双季晚稻常规品种 80～100g/盘、杂交稻播种量 70～90g/盘。

4. 控水盘根。播种到出苗前，一般不灌水，保持秧床湿润；出苗至起盘移栽前，视天气情况勤灌跑马水，做到前水不接后水，建立平沟水，保持盘面湿润不发白，盘土含水又透气，以利秧苗盘根；移栽前 3～4d，灌半沟水蹲苗，利于机插。有条件的地方应推广微喷灌育秧技术。

5. 依叶龄化控。据秧盘所需营养土计算壮秧剂用量，一般每 100kg 营养土加壮秧剂 0.5kg，1 叶 1 心期时每百张盘用多效唑（15%粉剂）6g 兑水喷施。

（三）"三因"精确机插

优质水稻机插作业可选用宽行距（30cm）插秧机或窄行距（25cm）插秧机因种、因地、因苗精确机插。移栽至大田的秧苗应稳、直、不下沉，漏插率≤5%，伤秧率≤5%，相对均匀度合格率≥85%。

因种：大穗型杂交稻品种亩栽 1.5 万～1.7 万穴，每穴 2 苗左右，中穗型或穗粒兼顾型常规稻品种亩栽 1.7 万～1.9 万穴，每穴 3～4 苗，小穗型常规稻品种亩栽 1.9 万～2.5 万穴，每穴 4～5 苗。

因地：例如中穗型常规稻高地力、中地力、低地力适宜栽插密度分别为 1.7 万、1.9 万、2.1 万穴/亩。

因苗：因不同秧苗素质确定栽插基本苗，例如中穗型常规稻适龄壮秧配置 1.7 万穴/亩，超秧龄弱苗配置 2.1 万穴/亩。

（四）合理确定施肥量

总施氮量北方稻区常规粳稻以每亩施用 8～12kg 纯氮为宜，南方稻区单季粳稻以每亩施用 16～18kg 纯氮为宜，南方稻区双季早籼稻以每亩施用 8～12kg 纯氮为宜，南方稻区双季晚稻以每亩施用 12～15kg 纯氮为宜。氮肥运筹比例宜采用基蘖肥：穗肥＝6：4 至 8：2，在前茬作物秸秆全量还田条件下应采用 7：4 至 8：2。一般在移栽后 5～7d 施用分蘖肥，生育中期集中施好促花肥，一般应在倒 4 叶或倒 3 叶期施用，保花肥在叶龄余数 1.5～2 叶时施用。按当地测土配方，合理确定氮磷钾的比例。磷肥一般全部作基肥使用；钾肥则 50%～60%作基肥、40%～50%作促花肥施用。

（五）科学管水

移栽期浅水插秧，活棵返青期保持水层 1.5～2.0cm。分蘖期薄水灌溉，水层为 1.0～3.0cm，促分蘖。当田间苗数达到计划穗数的 80%时，多次轻搁，至土壤沉实裂缝不发白后复水，如此重复 2～3 次。孕穗期保持浅水层，确保有水抽穗扬花。灌浆结实期干湿交替灌溉，坚持干干湿湿，防止后期脱水过早。成熟收获前 5～7d 断水。

（六）"三早"模式化调控群体质量

早促有效分蘖：栽后长出第 2、第 3 新叶时施用分蘖肥促分蘖，在有效分蘖临界叶龄前 1 个叶龄期群体达到预期适宜穗数相当的总茎蘖数。

早控无效分蘖：够苗期多在 $N-n-1$ 叶龄期，群体茎蘖数达到预期穗数的 80%（70%～90%）左右时，及早自然断水落干搁田，控制高峰苗数为适宜穗数 1.4～1.5 倍。

早攻壮秆大穗：在倒 4、倒 3 高效追肥叶龄期精确定量施用好促花肥，并配合干湿交替灌溉等措施，及早主攻足量壮秆大穗的形成，优化中期生长，形成高光效群体结构，提高抽穗后光合物质生产能力。

二、适宜区域

适宜我国水稻各主产区。

三、注意事项

优质水稻机插高产技术在示范推广过程中，关键在于选用优质水稻品种的基础上，掌握"三控"标准化壮秧培育方法，实现秧苗矮化健壮，100% 成毯。通过"三因"精确化机插，优化水稻群体起点，促进个群体生育协调。通过"三早"模式化调控，实现前中后期生育协调，获得水稻产量、品质的协同提升。

（主笔人：黄见良　冯宇鹏）

机收再生稻高产栽培技术模式

中稻蓄留再生稻（简称再生稻）为保障粮食增产和促进农民增收发挥了重要作用，但传统再生稻生产模式头季采用人工收割不适合当前生产需求，制约了该技术的大面积应用。该技术模式通过筛选适宜机械收割的再生稻品种、优化肥水管理技术，集成了机收再生稻种植技术，破解了头季人工收割的技术瓶颈，增产增收效果显著。

一、技术要点

（一）优选品种

选择通过国家或地方审定、生育期 130d 左右、稻米品质优、综合抗性好、再生力强和适合机械化生产的品种。

（二）适时播种

"春分"提早播种，争取"立秋"早收（头季稻），确保为再生稻生长争取季节和时间，部分季节矛盾紧张的地区建议在 3 月上旬播种。推荐采用集中育秧方式培育壮秧，机插秧秧龄控制在 30d 以内。

（三）合理密植

亩插推荐密度为 1.6 万蔸、杂交稻 4 万～5 万基本苗（常规稻 6 万～7 万）左右。

（四）精确定量施肥

头季稻控氮（每亩 10～12kg N）增钾（每亩 9～10kg K_2O）；注意

氮肥后移，根据苗情适量施穗肥；施好促芽肥和促蘖肥，促芽肥在头季稻收割前10d左右施用（或不施肥），亩施尿素5～7.5kg和钾肥3～5kg，促蘖肥在头季稻收后2～3d内早施，亩施尿素7.5～10kg。

（五）水分管理

头季稻浅水分蘖、提早晒田、有水孕穗、花后跑马水养根保叶促灌浆，收割前1周断水干田，以利于头季机械收割时减轻收割机对稻桩的碾压；再生稻前期浅水促蘖、中后期干湿交替。

（六）适当高留稻桩

留茬高度保留倒二叶叶枕，机收控制40～45cm留桩高度；头季在8月初收割时，留桩高度可降低到35cm左右。

（七）病虫害统防统治

科学监测、带药移栽，统防统治；一药多治或多药同施，减少用药次数。

二、适宜区域

南方稻区种植一季稻热量有余、而种植双季稻热量又不足的地区以及中稻—冬闲地区，灌溉条件满足两季生长需要，且田块适合机械化作业的田块。

三、注意事项

该技术示范推广过程中，一定要注意稻瘟病等病虫害的防治和再生稻的水分管理。

（主笔人：黄见良）

水稻高低温灾害防控技术模式

　　我国水稻种植区域广阔、季节类型多种、生态环境多样、品种类型各异。近年来部分稻作区高温热害或低温冷害发生严重，导致水稻减产。水稻高温热害主要发生在长江中下游稻区、西南稻区及华南稻区，近年华北稻区也时有发生。水稻播种成苗期低温冷害主要发生在长江中下游、华南稻区早稻秧田和直播田。水稻穗发育及开花期低温冷害主要发生在长江中下游稻区、华南稻区连作晚稻及西南稻区再生稻等区域。北方水稻低温冷害主要出现东北单季稻区。水稻高低温灾害防控技术在吉、赣、川、浙、豫、鄂等多省市示范推广平均减损（增产）超过5%。

一、技术要点

（一）水稻高低温灾害预警

　　建立基于历年与实时结合的气温资料、品种耐高低温特性及实时生育时期的水稻高低温灾害预警系统，开展水稻播前预警、生长期间实时预警，评估高低温发生及对水稻生长和产量影响，为耐高低温品种选择、播期调节剂灾损评估提供支持。

（二）选用耐高低温水稻品种

　　水稻品种多，高低温耐性存在差异。根据水稻高温热害鉴定与分级技术方法筛选耐高温水稻品种；根据水稻冷害田间调查及分级技术方法筛选耐低温水稻品种。

（三）选择适宜播种期

根据各区的气候条件，选择适宜的播种期，抵御低温对育苗期的伤害，调节开花期，避开孕穗、抽穗期高温。一般应选择低温将要结束，温暖天气将要来临时间播种。播种后采用覆膜和覆盖无纺布保温。有条件的可采用大棚育秧或叠盘暗出苗二段育秧，育秧温度稳定，保温效果好，提高成秧率；且双季早稻应选用中熟早籼品种，适当早播，使开花期在 6 月下旬至 7 月初完成，而中稻可选用中晚熟品种，适当延迟播期，使籼稻开花期在 8 月下旬，粳稻开花期在 8 月下旬至 9 月上旬结束，这样可以避免或减轻夏季高温危害。

（四）采用科学肥水措施减轻高低温危害

针对低温危害，通过增施有机肥及磷肥，补施锌肥，促进根系生长，提高水稻的抗寒能力；育秧期采用大棚保温育秧；直播早稻田遇低温影响可采取"日排夜灌"方法，即白天不下雨时田间排干水，利于秧苗扎根，夜间上水保温。移栽后当遇到强冷空气，也可采取灌深水保温护苗，待温度回升，即排水；东北稻区水稻灌溉因采用井水灌溉，水温较低，大多采用晒水池、喷水等井水增温方法灌溉稻田；水稻孕穗期遇到低温，减氮增磷增密，孕穗期深水保温，缓解低温危害，提高结实率；针对高温危害，一是水稻开花期遇到高温季节时，田间灌深水以降低穗层温度，可采用稻田灌深水和"日灌夜排"的方法，或实行长流水灌溉，增加水稻蒸腾量，降低水稻冠层和叶片温度，亦可降温增湿。二是在肥料管理上合理地提早施肥，增施硅肥，可促进分蘖早生快发，增强植株健壮度，降低后期冠层含氮量，加快生育进程，增加后期耐旱和抗高温能力。

（五）施用外源物质缓解高低温对水稻的影响

针对低温，可以采用种衣剂包衣、施用叶面调节剂和施用耐低温菌剂；针对高温，除实行根外喷施磷钾肥外，可适当喷施一定浓度的油菜素内酯，能显著改善水稻授精能力，增强稻株对高温的抗性，减轻高温伤害的效果。

（六）极端高低温危害的补救措施

直播田遇到极端低温，要根据气候预报及时采用补种的办法；受极端高低温干旱危害的水稻，可采用蓄留再生稻方法。若蓄留再生稻可能还会因高温伏旱而失败，此类稻田应选择机割苗耕地，待高温伏旱过去后及时改种秋季作物，如荞麦、秋甘薯、秋玉米或各种秋季蔬菜，以弥补大春损失。

二、适宜区域

适宜全国高低温易发地区。

三、注意事项

气候异常导致水稻病虫害频发，低温阴雨导致部分穗发芽严重，要根据气候条件及监测预警平台提前做好预防工作。

（主笔人：朱德峰　程映国）

小麦

小麦测土配方施肥高产高效技术模式

小麦测土配方施肥技术是以测试土壤养分含量和田间肥料试验为基础的一项肥料运筹技术，主要是根据实现小麦目标产量的总需肥量、不同生育时期的需肥规律和肥料效应，在合理施用有机肥的基础上，提出肥料（主要是氮、磷、钾肥）的施用量、施肥时期和施用方法。

一、技术要点

（一）技术主要参数

小麦的施肥技术应包括施肥量、施肥时期和施肥方法。施肥量（kg/亩）＝[计划产量所需养分量（kg/亩）－土壤当季供给养分量（kg/亩）]/[肥料养分含量（％）×肥料利用率（％）]，计划产量所需养分量可根据100kg籽粒所需养分量来确定；土壤供肥状况一般以不施肥麦田产出小麦的养分量测知土壤提供的养分数量；在田间条件下，氮肥的当季利用率一般为30％～50％，磷肥为10％～20％，高者可达到25％～30％，钾肥多为40％～70％。有机肥的利用率因肥料种类和腐熟程度不同而差异很大，一般为20％～25％左右。一般中低产田应增施磷肥、氮磷配合，亩产量在200kg以下的低产田，氮磷比为1：1左右；亩产量在200～400kg时，氮磷比以1：0.5为宜；亩产量在500～600kg时，氮磷比以 1∶0.4 为宜。

施肥时期应根据小麦的需肥动态和肥效时期来确定。一般冬小麦生长期较长，播种前一次性施肥的麦田极易出现前期生长过旺而后期脱肥早衰的现象。后期追施氮肥，对提高粒重和蛋白质含量的效果较好。

每亩生产小麦 400～500～600kg 的高产与超高产麦田，0～20cm 土层土壤有机质含量 1.0%，全氮 0.09%，碱解氮 70～80mg/kg，速效磷 20mg/kg，速效钾 90mg/kg，有效硫 12mg/kg 及以上的条件下，每亩总施肥量：纯 N 12～14～16kg，P_2O_5 5～6.2～7.5kg，K_2O 5～6.2～7.5kg，S 4.3kg。

每亩生产小麦 300～400kg 的中产水平麦田：0～20cm 土层土壤有机质含量 0.8% 左右，全氮 0.06%～0.08%，碱解氮 60～70mg/kg，速效磷 10～15mg/kg，速效钾 60～80mg/kg，有效硫 12mg/kg 及以上的条件下，每亩总施肥量：纯 N 10～14kg，P_2O_5 5～7kg，K_2O 5～7kg，S 4.3kg。

上述产量水平麦田，均提倡增施有机肥，合理施用中量和微量元素肥料。在高产田或与超高产田，全部有机肥、磷肥，氮肥的 50%，钾肥的 50% 作底肥；第二年春季小麦拔节期再结合浇水追施余下的 50% 氮肥和 50% 的钾肥。在中产田，土壤肥力较低的麦田，可较高产田适当增加底施氮肥的比例。硫素提倡施用硫酸铵或硫酸钾或过磷酸钙等形态肥料。

（二）田间管理

1. 冬前管理要点

（1）保证全苗。在出苗后要及时查苗，补种浸种催芽的种子，这是确保苗全的第一个环节。出苗后遇雨或土壤板结，及时进行划锄，破除板结，通气、保墒、促进根系生长。

（2）浇冬水。浇好冬水有利于保苗越冬，有利于年后早春保持较好墒情，以推迟春季第一次肥水，管理主动。应于小雪前后浇冬水，黄淮海麦区于 11 月底 12 月初结束即可。群体适宜或偏大的麦田，适期内晚浇；反之，适期内早浇。注意节水灌溉，每亩不超过 $40m^3$。不施冬肥。浇过冬水，墒情适宜时要及时划锄，以破除板结，防止地表龟裂，疏松土壤，除草保墒，促进根系发育，促苗壮。

2. 春季管理要点

（1）返青期和起身期锄地。小麦返青期、起身期不追肥不浇水，及早进行划锄，以通气、保墒、提高地温，利于大蘖生长，促进根系发育，加强麦苗碳代谢水平，使麦苗稳健生长。

（2）拔节期追肥浇水。在高产田，将一般生产中的返青期或起身期（二棱期）施肥浇水，改为拔节期至拔节后期（雌雄蕊原基分化期至药隔形成期）追肥浇水，是高产优质的重要措施。

施拔节肥、浇拔节水的具体时间，还要根据品种、地力水平、墒情和苗情而定。分蘖成穗率低的大穗型品种，一般在拔节初期（雌雄蕊原基分化期，基部第一节间伸出地面 1.5～2cm）追肥浇水。分蘖成穗率高的中穗型品种，在地力水平较高的条件下，群体适宜的麦田，宜在拔节初期至中期追肥浇水；地力水平高、群体偏大的麦田，宜在拔节中期至后期（药隔形成期，基部第一节间接近定长，旗叶露尖时）追肥浇水。

对于地力水平一般的中产田，应在起身期追肥浇水。

3. 后期管理要点

（1）开花水或灌浆初期水。开花期灌溉有利于减少小花退花，增加穗粒数；保证土壤深层蓄水，供后期吸收利用。如小麦开花期墒情较好，也可推迟至灌浆初期浇水。要避免浇麦黄水，麦黄水会降低小麦品质与粒重。

（2）防治病虫。小麦病虫害均会造成小麦粒秕，严重影响品质。锈病、白粉病、赤霉病、蚜虫等是小麦后期常发生的病虫害，应切实注意，加强预测预报，及时防治。

进行无公害小麦生产，防治小麦蚜虫应该用高效低毒选择性杀虫剂，如吡虫啉、啶虫脒等，商品有 2.5％吡虫啉可湿性粉剂，10％吡虫啉可溶性粉剂等。

（3）蜡熟末期收获，麦秸还田。高产麦田采用了氮肥后移技术，小麦生育后期根系活力增强，叶片光合速率高值持续期长，籽粒灌浆速率高值持续也较长，生育后期营养器官向籽粒中运转有机物质速率高、时间长，蜡熟中期至蜡熟末期千粒重仍在增加，不要过早收获。试验表明，在蜡熟末期收获，籽粒的千粒重最高，此时，籽粒的营养品质和加工品质也最优。蜡熟末期的长相为植株茎秆全部黄色，叶片枯黄，茎秆尚有弹性，籽粒含水率 22％左右，籽粒颜色接近本品种固有光泽、籽粒较为坚硬。提倡用联合收割机收割，麦秸还田。

二、适宜区域

适用于全国各类麦区。

三、注意事项

需根据不同麦区具体生产特点制定适合本地区的施肥方案。同时要注意保持土壤养分的平衡，在秸秆还田培肥地力的基础上，因地制宜制定施肥量。

（主笔人：郭文善　王志敏）

小麦测墒补灌水肥一体
高产技术模式

针对华北平原当前生产上水资源匮乏、耕地紧张、农业劳动力不足及农田水肥高效面临的技术挑战，研发了小麦测墒补灌水肥一体高产技术模式。该技术模式高度融合生物节水、农艺节水、工程节水措施与信息化技术，在墒情监测和微喷灌施肥设施配套的基础上，通过水肥少量多次、精准补灌和水肥耦合实现节水省肥、水肥高效和小麦增产，兼顾了河北省的地下水压采和粮食生产指标的双目标。目前在河北推广应用面积大约 800 万亩，采用本技术模式，在冬小麦灌溉亩定额 $100m^3$ 左右的条件下小麦亩产 500～550kg，与生产（畦灌）比较，亩节水 50～$80m^3$，亩增产 50～80kg，水肥利用率提高 15％以上。

一、技术要点

在选用抗旱节水小麦品种、配方施肥、足墒适期晚播、适增播量、播后镇压的基础上，翌年春季追肥与春一水推迟至起身拔节期，于拔节、扬花与灌浆等需水需肥关键期，通过对土壤墒情、苗情监测，结合气象预报，因时定墒、因墒补灌、因苗定量。播前 0～20cm 土层含水量低于 70％（相对含水量，下同），亩灌溉 15～$25m^3$，亩施纯 N 5～6kg、P_2O_5 10～12kg、K_2O 2～3kg；起身拔节期 0～60cm 土层含水量低于 70％，亩灌溉 25～$30m^3$、追施纯 N 4～4.5kg、K_2O 0.5～1kg；抽穗扬花期 0～80cm 土层含水量低于 70％，亩灌溉 25～$30m^3$、追施纯氮 2～2.5kg、K_2O 0.5～1kg；灌浆期 0～80cm 土层含水量低于 70％，亩灌溉 15~20m³、追施纯 N 1.5~2kg、K₂O 0.5~1kg。上述工作基础上，开展小麦群体生长发育指标的监测，根据当地春季的小麦苗情数据，分级评价。一类苗，灌水施肥量接近推荐适宜范围的下限，二类苗推荐适宜范围的平均值或上下稍有浮动；三类苗接近推荐适宜范围的上限。小麦扬花至灌浆期间，应做好"一喷三防"工作。

二、适宜区域

华北平原有喷灌、微灌、施肥设施的冬小麦种植区。

三、注意事项

提高秸秆还田和播种质量、药剂拌种防病虫害、禾本科杂草冬前防治、双子叶杂草可早春防治。

河北省和山东省已形成了一系列的相关地方标准可供参考：冬小麦测墒灌溉技术规程、冬小麦水肥一体化技术规程、冬小麦微喷灌溉施肥技术规程等。

农业农村部也有可参考的技术规程：土壤墒情监测技术规程、华北冬小麦微喷带水肥一体化技术规程。

（主笔人：李科江　李瑞奇）

小麦"一喷三防"高产
高效技术模式

针对小麦生长中后期经常出现的干热风、病虫害及早衰等问题，主要通过叶面喷施植物生长调节剂、叶面肥、杀菌剂、杀虫剂进行防控。为了减少施药次数，通过筛选可以同步喷施的药剂进行混配施药，在保证防治效果的同时，还可降低生产成本。因此集成了小麦生长发育中后期高效管理的重要技术措施——"一喷三防"，即在小麦抽穗扬花至灌浆期，通过一次性叶面喷施植物生长调节剂、叶面肥、杀菌剂、杀虫剂等混配液，达到防干热风、防病虫、防早衰的目的，实现增粒增重的效果，一般能减少产量损失5%～20%，确保小麦丰产增收。目前，已在全国各类麦区广泛应用，防控效果显著，成为小麦生产中稳产的一项重要技术。

一、技术要点

喷施时间： 重点抓好小麦抽穗扬花至灌浆乳熟期喷药肥混合液。尽量在无风晴天上午10点以后喷施，并避免在喷施后24h内下雨，以免降低"一喷三防"效果。

喷施次数： 一般地块喷施1～2次。赤霉病重发区在抽穗至扬花期喷施2次，间隔7～10d；灌浆中期再喷施一次。

药肥配方： 按照药肥混配、病虫兼治、经济适用的原则，科学选用适宜杀虫剂、杀菌剂、叶面肥及植物生长调控剂，各计各量，现配现用。防治锈病、白粉病可用粉锈宁、烯唑醇、三唑酮等；防治赤霉病可用氰烯菌酯、戊唑醇、多菌灵等；防治蚜虫、吸浆虫可用抗蚜威、新烟碱类、高效氯氰菊酯、毒死蜱等；防治干热风、早衰可用芸苔素内酯及磷酸二氢钾。

喷施方式：采用机械或无人机喷防，改善喷施质量及效果，保障人员健康和安全。

二、适宜区域

适用于全国各类麦区，需根据不同麦区具体生产特点及重点防治对象，制定适合本地区"一喷三防"的详细方案，调整植物生长调节剂、叶面肥、杀菌剂、杀虫剂等混配液的配方。北方冬麦区以防干热风、白粉病、蚜虫、吸浆虫等为重点，兼顾锈病。长江中下游冬麦区应以防赤霉病、白粉病、蚜虫、吸浆虫为重点，兼顾早衰。西南冬麦区以防锈病、赤霉病、白粉病、蚜虫为重点，兼顾早衰。新疆冬春麦区以防白粉病、锈病、蚜虫为重点，兼顾早衰。春麦区以防锈病、白粉病、蚜虫为重点，兼顾早衰。

三、注意事项

严禁使用高毒农药，严格按照农药说明书及安全操作规程科学用药，确保操作人员安全防护及药液均匀喷施，防止中毒。小麦扬花期喷药应避开授粉时间，喷药后 6h 内遇雨应补喷。

（主笔人：常旭虹　梁健）

黄淮海水浇地小麦
高产高效技术模式

集成以因墒节水补灌技术、因苗氮肥后移技术、适时化学除草技术、化学调控防倒技术、绿色防治病虫技术、低温冻害防御技术、后期叶面喷肥技术、单品种收获储藏技术等 8 项关键技术措施为主要内容的黄淮海水浇地优质小麦高产高效技术模式，努力实现小麦增产增效、节本增效、提质增效目标。

一、技术要点

（一）因墒节水补灌技术

"有收无收在于水"，根据关键生育期土壤墒情指标值进行因墒补灌。播种前土壤相对含水量低于 75％ 及时进行补灌，越冬前及返青期土壤相对含水量低于 65％ 及时进行补灌，拔节期和开花期土壤相对含水量低于 70％ 及时进行补灌，每次亩灌水 40～50m³。大力推广管道输水＋畦灌、喷灌等节水灌溉技术，有喷灌条件的地方可将测墒精准补灌与水肥一体化技术相结合，每次亩灌水 20～30m³。

（二）因苗氮肥后移技术

群体偏小的田块可在起身期结合浇水亩施尿素 15kg 左右，以促苗稳健生长，提高分蘖成穗率，培育壮秆大穗。对地力水平较高的壮苗麦田，可在拔节期结合浇水，每亩追施尿素 10kg 左右，促穗大粒多。弱苗麦田春季管理追肥可分返青期、拔节期两次进行，每亩可追施尿素

8kg 左右。

（三）适时化学除草技术

对冬前没有进行化学除草的麦田，要在小麦返青起身期及早进行化学除草，实施麦田化学除草前应关注天气预报，当日平均气温稳定通过6℃以后，选择晴好天气于上午 10 点至下午 4 点进行化学除草，喷药前后 3d 不宜有强降温天气。

（四）化学调控防倒技术

对于旺苗麦田，返青起身初期采取碾压或深锄断根，抑制春季过多分蘖，预防后期倒伏。

（五）绿色防治病虫技术

春季病虫害防控应以条锈病、纹枯病、茎基腐病、赤霉病、麦蜘蛛、蚜虫等为重点，加强监测预报，实行精准防控。一是严密监控小麦条锈病。要全面落实"带药侦查、打点保面"防控策略，采取"发现一点、防治一片"的预防措施。二是拔节前实施病虫早控。对小麦纹枯病、茎基腐病、黄花叶病等土传病害进行早期控制，并注意防治麦蚜、麦蜘蛛，压低虫源基数。三是抽穗扬花期全面预防赤霉病。在小麦齐穗至扬花初期进行全面喷药预防，用足药液量，施药后 6h 内遇雨，雨后应及时补喷；7～10d 后进行第二次喷药防治。

（六）低温冻害防御技术

各地要密切关注天气变化，在寒潮来临前，及时适当灌水，以改善土壤墒情，调节近地面层小气候，减小地面温度变幅，减轻冻害发生程度。也可用芸苔素内脂（0.1％含量）5g＋磷酸二氢钾 100g，每亩兑水15kg，叶面喷施，提高抗性，降低冻害对小麦幼穗损害。一旦发生冻害，及时喷施液态氮肥、植物细胞膜稳态剂、复硝酚钠等植物生长调节剂，缓解冻害；或及时采取追肥等补救措施，促进受冻麦苗尽快恢复生长。

（七）后期叶面喷肥技术

灌浆期结合病虫害防治，每亩用尿素 1kg 或 0.2kg 磷酸二氢钾兑水 50kg 进行叶面喷施，促进氮素积累与籽粒灌浆。

（八）单品种收获贮藏技术

抽齐穗后 15～20d 进行田间去杂，拔除杂草和异作物、异品种植株。机械化收割时按同一品种连续作业，防止机械混杂。收获后单品种晾晒与贮藏。

二、适宜区域

该技术模式适合黄淮海强筋、中强筋优质小麦生产。

三、注意事项

1. 土壤质地偏沙、瘠薄地及无灌溉的田块不宜推广。

2. 适宜单品种集中连片种植。

3. 依据不同时期苗情、墒情、病虫情和天气变化，强化应变管理，科学防灾减灾。

（主笔人：毛凤梧　蒋向）

西北旱地小麦雨养
保墒高产技术模式

旱地小麦生产中一般夏季不进行任何耕作措施，造成雨水蒸发与径流严重；播种采用普通条播方式较多，达不到保水效果。夏季不进行耕作、普通条播均不利于蓄水保墒，水分利用效率低。研究雨养保墒技术，尽最大可能蓄积自然降水，协调自然降水与小麦生长不吻合的矛盾，满足小麦生长发育对水分的需要，提高土壤水分养分资源利用效率，达到降水资源周年调控与土壤水分跨季节利用，发展旱农生产、提高作物产量。

一、技术要点

（一）休闲期实施耕作覆盖

在 7 月上中旬后的第一场雨后，田间撒施 1 500～3 000kg 腐熟的农家肥或 50～100kg 含有生物菌肥的生物有机肥，使用大型拖拉机牵引的深翻犁，深翻土壤 25～30cm，使有机肥和秸秆同时翻入土壤深层。或者直接使用深松施肥机械与秸秆覆盖机械一次性深松土壤 30～40cm，同时施入生物有机肥 50～100kg，并将秸秆均匀的覆盖在地表，配合立秋后耙耱收墒。

（二）播前精细整地和施足底肥

小麦收获后立即进行浅耕灭茬，伏前深耕纳雨，立秋前细犁带耙，有雨即耙，播前只耙不犁，精细整地，做到无土块、无根茬、无杂草，上松下实，田面平整。

一般每亩施农家肥 1 500～3 000kg 左右，化肥 N：P 比为 1：0.6～0.8。具体数量为亩施碳酸氢铵 50～60kg 或亩施尿素 15～20kg，亩施过磷酸钙 50～60kg，亩施钾肥 8～10kg（黄土高原石灰性土壤一般含钾量多，耕层土壤 K_2O 在 100mg/kg 以上者可不施钾肥），缺锌土壤可亩增施硫酸锌 1～1.5kg。要集中底施，切忌地表撒施。

（三）选用节水型优质品种

根据当地实际，选用适应性广、增产潜力大的品种。选用包衣种子，种子发芽率和纯度要求达到国标二级以上。旱肥地选用节水型丰产性比较突出的品种。

（四）田间管理

1. 顶凌耙糖保墒。顶凌耙糖是旱地小麦保墒的一项重要措施。俗语道："春耙麦梳头，麦苗绿油油"。顶凌耙糖能松土，切断毛细管，使地表形成干土隔离层，从而有效地保住土壤水分，对小麦返青生长特别有利。同时耙糖还有清除枯叶、杀伤杂草、刺激麦苗生长的作用。建议对各类麦田都进行顶凌耙糖蓄好墒，保住水，建立丰产的苗架。

2. 顶凌趁墒追肥。对底肥不足、苗黄苗弱的弱苗、小苗麦田，可结合顶凌耙糖或小雨后趁墒追肥，每亩 4～5kg 尿素，促其尽快转化升级，弱苗赶队。对冬前群体过大、土壤肥力较高的旱地麦田，返青期不宜追肥，防止旺长。可在起身至拔节期借雨酌情追肥。

3. 中耕松土除草增温。于小麦起身拔节封行前细锄深锄一遍麦田，不仅能消灭杂草、松土保墒、提高地温，而且能控制春季无效分蘖，断老根促新根萌发，下扎。"锄头底下有水、有火、有气"，这就是为什么锄麦比喷施麦田除草剂综合效果要好的道理。据测定，春季早中耕比晚中耕的麦田耕层土壤含水量高 4.1%，比不中耕的高 5.3%，3～5cm 地温，比不中耕的提高 1.5℃ 左右。中耕（划锄）时要注意因地、因苗制宜。对晚播麦田、弱苗田宜浅划锄，提高土壤温度，促进弱苗转壮，防止伤根和坷垃压苗；对播种过深的麦田，返青后要及时清垄和退土清棵，使分蘖节变浅，以利提温、增蘖、发根；对于旺苗麦田，应在起身期进行深锄断根，控旺长苗，减少无效分蘖，促根下扎，变旺苗为壮苗。

4. 碾压提墒防倒。 早春碾压技术可促进小麦根系发育，提高小麦本身的抗旱能力，并能抑制小麦主茎旺长。碾压麦田可压碎土块，弥合裂缝，沉实土壤，减少蒸发，提墒保墒。"三月里的磙子，提水的桶子"。对部分因播期偏早、播量偏大而生长过旺、后期有倒伏危险的麦田，于起身期碾压，是一项有效的控旺防倒措施。碾压要和划锄结合起来，一般是先镇压后锄，以达到上松下实、提墒、保墒、增温的目的，并应特别注意的是碾压的时间必须选择在晴天中午前后，切忌在寒冷地湿的早晨进行，因此时麦苗脆弱，容易压折茎秆和损伤叶片。

5. 病虫草害综合防控。 旱地小麦易发生的病虫害有小麦红蜘蛛、蚜虫、白粉病、锈病等，要及时掌握病虫发生情况，做到及时防治。"一喷三防"：在扬花期亩用 20％三唑酮乳油 50mL/亩＋70％吡虫啉水分散剂 20g＋50％多菌灵可湿性粉剂 100g＋磷酸二氢钾 100g，兑水 30kg 喷雾防治；或亩用 43％戊唑醇悬浮剂 8mL＋2.5％高效氯氰菊酯乳油 50mL＋磷酸二氢钾 100g，兑水 30kg 喷雾防治。

6. 严防春季畜禽啃青。 旱地小麦不像水地小麦可以及时浇水，畜禽啃青会造成严重的影响，使绿叶面积减小，光合能力下降，同时延缓返青进程，严重的会造成麦苗死亡，而且啃青造成麦苗机械损伤，易引起病虫侵害。因此，要严禁麦田放牧，畜禽啃青。

二、适宜区域

适宜于西北黄土高原旱作麦区推广应用。

三、注意事项

要配合立秋后耙糖收墒才能发挥蓄水保墒的良好效果。

（主笔人：高志强）

长江中下游稻茬小麦高产技术模式

长江中下游稻茬小麦高产技术模式包括适宜品种选用技术、适墒耕整播种技术、机械开沟技术、冬春季清沟理墒技术、渍害苗补救技术等。目前本技术已在江苏的苏中和苏南推广应用，近三年累计应用面积2 000万亩以上，正常降雨年型可增产10％左右，降雨偏多年型可增产20％以上，降雨偏少年型可实现平产或略增产。

一、技术要点

（一）适宜品种选用技术

根据不同区域生态条件与生产水平，选用耐湿、耐渍、抗病（赤霉病为重点）、抗倒、抗寒、抗穗发芽及熟期较早的弱筋与中筋品种，根据市场需求适度扩大春性中强筋品种种植面积。

（二）适墒耕整播种技术

小麦播种时耕层的适宜墒情为土壤相对含水量70％～75％。若墒情适宜，可直接整地播种；如土壤偏湿或遇阴雨天气，要及时排除田间积水进行晾墒。依据田间土壤湿度，选择不同的耕整播种方式组合，土壤墒情过湿时采用板茬与小型条播机播种方式（作业流程为人工撒肥—旋耕灭茬—条（撒）播—盖籽—镇压）或均匀摆播机播种方式（作业流程为人工撒肥—前置排种—撒播—浅旋盖籽—镇压）的耕播组合；土壤墒情偏湿时采用板茬与中型六位一体机播种方式（作业流程为旋耕—种肥一体条播—盖籽—镇压—开沟）或宽幅条播播种方式（作业流程为旋耕—种肥一体宽幅条播—盖籽—镇压）等中型播种机耕播组合；土壤墒情适宜时采用耕翻与四位一体播种方式（作业流程为旋耕—种肥一体条播—盖籽—镇压）或中型六位一体机播种方式（作业流程为旋耕—种肥一体条播—盖籽—镇压—开沟）耕播组合。

（三）机械开沟技术

目前大面积高产田采取的排水降渍方式主要有内外三沟配套的明沟排水和沟系硬质化的"三暗工程"两种模式。内三沟要求播后适时机械开沟，每2.5~3m开挖一条竖沟，沟宽20cm。距田两端横埂2~3m各挖一条横沟，较长的田块每隔50m增开一条腰沟，沟宽20cm。田头出水沟要求宽25cm。注意开沟时均匀抛撒沟泥，覆盖麦垄，减少露籽，防冻保苗。不定期清理外三沟，确保内外畅通。

（四）冬春季清沟理墒技术

要在冬季与早春搞好沟系配套。未开沟麦——要趁墒开挖田内三沟；已开沟麦田，要注意清沟理墒，以保持沟系畅通无阻，并用清沟土做好壅根培土工作，达到排水顺畅、雨止田干。

冬春麦田防渍除开好麦田一套沟外，还需加大外三沟管理，降低麦田的地下水位深度，其控制深度为：苗期50cm左右，分蘖越冬期50~70cm，拔节期80~100cm，抽穗后100cm以下。

（五）渍害苗补救技术

基种肥适度施用磷钾肥、提高植株自身的耐渍性。渍害发生后，根据小麦生育期、天气和土壤墒情，及时追施速效氮肥，以补偿植株体内对养分的需求。苗情发生渍害，及时适量追施速效氮肥，如基肥中磷钾肥施用不足，可追施复合肥加尿素，以促进幼苗转化，提高植株抗性。小麦中期发生渍害，可早施拔节孕穗肥，以肥加速苗情转化升级，有条件地区可喷施生长调节物质，以促进植株新陈代谢。小麦后期发生渍害，可适量喷施叶面肥，保证植株对养分的需求。

二、适宜区域

适宜长江中下游稻茬麦区。

三、注意事项

应根据水稻腾茬早晚、土壤质地、墒情状况、农机具配套等情况，因墒适度调整播期、耕播方式。应根据渍害发生时期、伤害程度等情况调整补肥量。

（主笔人：郭文善　朱新开）

西南小麦少免耕
高产高效技术模式

稻茬小麦主要分布于长江流域，常年种植面积 7 000 万亩左右，约占全国小麦总面积 20％。稻茬小麦的提升发展对于稳定全国小麦生产至关重要。播种质量不高是稻茬小麦产量不高不稳的关键所在。土壤质地黏重、湿度过高、秸秆过多乃是影响稻茬小麦播种质量的三个核心要素。本技术模式拥有诸多优势：实现适期播种，大幅度提高播种效率，减少能耗；免耕作业避免了对土壤结构的破坏，利于排水降渍；增强了秸秆的通透性，避免缠绕、堵塞，播种深浅一致、均衡，能实现一播全苗；稻秸覆盖于地表，减少棵间蒸发，提高了中后期土壤保墒抗旱能力，长期还田还利于提升地力。该技术能使小麦作业效率提高 50％、增产 10％～15％、节能 30％、节药 15％、节肥 15％，纯收益提高 30％以上，秸秆得到有效利用，"节水、节肥、节药、节种、节能"效果显著，深受种粮大户欢迎。

一、技术要点

（一）布局抗病抗逆高产品种

选择布局抗病抗逆高产品种，即高抗条锈病、白粉病，耐花期低温、耐穗发芽，氮高效，为绿色高产奠定遗传基础。播前采用杀虫剂（如吡虫啉）、杀菌剂（如戊唑醇）混合拌种。同时，西南冬麦区倒春寒、条锈病、穗发芽等灾害发生频繁，具备抗逆特性也是保障高产必不可少的品种要求。

（二）稻草处理

水稻生育后期及时排水晾田，尽量避免收割机对土壤产生碾压破坏；秸秆处理方式依收割机类型和小麦播种方式而定。计划采用免耕精量露播稻草覆盖栽培的，应采取低茬（＜15cm）收获，秸秆尽量保持完整，播前移出田外或收拢在地角；计划采用免耕带旋方式播种的，可用半喂入式收割机收获，低留茬、秸秆切碎还田，也可采用全喂入式收割机收获，播前适时进行灭茬作业，粉碎后的秸秆要求细碎（＜8cm）、分布均匀。

（三）贯彻免耕抗逆播种技术

1. 免耕化除。 水稻收获时尽量齐泥割稻，浅留稻桩；开好边沟、厢沟，以利排灌；播前 7～10d 进行化学除草。由于稻草覆盖栽培能有效抑制杂草滋生，可适当降低除草剂用量。

2. 精量露播。 播前调试机器，根据种子大小调节播量，亩控制在 10～12kg（亩基本苗 18 万～20 万）范围。种肥选择养分配比适宜的复合肥，使其底肥 N 用量占全生育期的 50%～60%、P、K 用量占到总用量的 100%。小户采用免耕精量露播稻草覆盖栽培，可选用 2B—5 型简易播种机，一次播种 5 行，播后撒施底肥和均匀覆盖稻草。大户采用免耕带旋播种方式，可选用 2BMF—10、2BMF—12 型号的播种机，一次作业即可完成开沟、播种、施肥、盖种等工序。

3. 稻草覆盖。 一般每亩用干稻草 230～300kg 为宜，整草覆盖应降低用量，铡细覆盖适当多用也无妨。盖草最好在播种后随即进行，以减少土壤水分散失，避免土表干裂，影响发芽出苗。铺草尽量做到厚薄均匀，无空隙，尤其是整草覆盖时杜绝乱撒，以免造成高低厚薄不平，严重影响出苗质量和麦苗生长。

4. 科学施肥。 每亩配备渣肥 1 000～2 000kg，优质人畜粪水 2 000～3 000kg，纯 N 10～12kg，P_2O_5 5～8kg，K_2O 5～8kg。在缺

磷（有效磷低于 5～10mg/kg）或缺钾（有效钾含量低于 50mg/kg）区域，适当加大其用量。氮肥一般以 60％作底肥，40％作拔节肥。化学氮肥在播前土壤湿润时撒施，既省工省力，又不易造成挥发损失。

5. 加强田管。 播种之后，注意土壤墒情变化，若播种阶段雨多田湿或进行了浸灌处理，而播后雨水充足又不过头，则利于出苗及苗期生长。若播前未浸灌，播后降雨又不足，土壤干旱，应及时喷灌，或挑水浇灌。相反，若雨水过多，土壤湿度过大，应进一步清沟排湿，以免烂种。小麦拔节后，即进入营养生长和生殖生长的两旺阶段，对水肥需求增大，应适时灌拔节水，具体灌水时间上弱苗可适当提前，旺苗应适当推迟。拔节肥最好结合粪水施用，利于提高肥效。若不施粪水，则可结合灌水进行，即在灌拔节水并排干水后，随即撒施。进入生长后期，由于露播覆草栽培小麦分蘖多、群体大，库源矛盾更加突出，可适当进行根外追肥，以养根护叶，确保粒多粒饱，实现高产。

秋季多雨、秸秆量大、土壤黏重等因素造就了复杂的播种环境。免耕抗逆播种技术是克服不利条件，实现适期播种、一播全苗的关键。主要有两种形式：一种是免耕带旋播种技术，适宜规模化生产主体；另一种是免耕精量露播稻草覆盖技术，适宜小农户。两种技术都具有良好的保墒增产效果。

（四）抓好冬前田间管理

冬季田管重点是抓好化学除草和苗情转化工作。化学除草一般在12月份进行，农户已普遍开展此项工作，效果良好。由于秋播持续时间较长，早晚不一，出现旺苗、弱苗、健苗共存局面。冬季要开展控旺和促弱转壮工作，苗情转化效果良好。

（五）拔节期综合管理技术

西南大部分区域冬暖春早，小麦一般于 1 月上中旬拔节。一旦拔节，小麦对肥水的需求旺盛，做好拔节期的综合管理是高产的关键环节之一。主要内容包括追施拔节肥、灌溉拔节水和控旺促壮。拔节肥一般占总施氮量的 30%～40%，根据底肥和苗肥施用情况，确定具体用量，全生育期总氮亩用量控制在 12kg 以内。播种时未施磷钾肥或施用偏少的麦田，也可在此期适量补施。西南冬麦区大部从春季至小麦收获，降雨量都比较小，广大旱地发生干旱的概率较大，即便是稻茬麦田，中后期也可能出现旱情。因此，通常都需要灌溉一次拔节水。此外，为了有效防止倒伏，在拔节初期喷施生长延缓剂（如矮壮素、矮丰），以培育壮苗、降低株高，增强抗倒力。拔节期综合管理措施利于促进分蘖成穗和小花分化，形成大穗，增产效果显著。

（六）春季病虫害防控技术

春季病虫害发生发展较快，尤其是条锈病很容易从零星病叶病株发展为中心病团。病株病叶和中心病团的及时发现和处理，对于阻止扩大蔓延十分重要，应引起技术部门和农户的高度重视。气温回升对红蜘蛛、蚜虫等害虫繁殖有利，特别是群体较大或靠近房前屋后的麦田，应予以重点关注。

病虫害防治应采取科学的方法。于齐穗至初花期，将杀虫剂、杀菌剂和磷酸二氢钾混合喷施。花前或灌浆阶段视实际情况增加 1 次蚜虫防治。

（七）冻害冷害防控技术

播种较早的麦田于 12 月末至翌年 1 月上旬拔节，随后的低温寒潮对其产生了一定影响，出现黄叶甚至少量死茎现象。同时，倒春寒也有可能对发育偏快、抽穗偏早的麦田产生影响。对于出现冻害死茎的麦田，可追施速效肥促进大分蘖发育成穗；对于有水源条件的区域，倒春寒来临前则可以提前浇水，以水调温，在一定程度上缓解冷害。

二、适宜区域

本春管增产技术模式适宜于西南冬麦区，包括川、渝、滇、黔，以及陕西南部、甘肃东南部、湖北西部。

三、注意事项

1. 水稻生育后期及时排水晾田，避免因土壤过湿造成土壤过度碾压破坏，影响播种作业质量。

2. 排水不畅的田块，在水稻收获后及时开好边沟、厢沟，排出田间积水，为播种创造一个良好的墒情环境。

3. 提高秸秆粉碎质量。粉碎机类型、刀片质量以及机手作业的规范化程度，都会影响秸秆粉碎质量。如果粉碎质量达不到要求，如秸秆过长或堆积过多，都将影响接下来的播种质量。

4. 如采用免耕带旋播种技术，在极端黏湿土壤，推荐使用配套履带式拖拉机，以免造成对土壤进一步的碾压破坏。

（主笔人：汤永禄）

强筋小麦绿色高产高效技术模式

强筋小麦生产不仅需要优良的加工品质，较高的产量也是重要指标之一。强筋小麦的水肥需求高峰时期分别为冬前生长期、拔节至孕穗期、开花灌浆期。该技术模式的应用，从节水省肥的角度考虑，可以节省返青期肥水管理，重视拔节期的肥水施入，开花期的肥水投入则主要用于促进籽粒灌浆，提高品质与产量。

一、技术要点

优良强筋品种＋秸秆还田＋增施有机肥＋精匀播种＋灌越冬水＋稳氮控水一体化技术＋综合防控＋适时收获。

（一）选择适宜地块及品种

选择符合生产要求的适宜地块，以及适合当地生产的通过国家或省级审定的优质强筋小麦品种，根据目标病虫害防治要求，进行种子包衣或拌种，重点防治地下害虫及土传种传病害。

（二）确定目标施肥量

根据土壤地力及目标产量（亩产 500kg 以上），确定计划施氮量亩 12～16kg。

（三）秸秆还田，增施有机肥

前茬作物收获后，秸秆粉碎还田，均匀铺撒于地表。每亩施用有机肥 500～600kg，P_2O_5 7～8kg、K_2O 5～6kg，计划施氮量的 50％，全部底施，旋耕整地。

（四）精匀播种，灌越冬水

采用精量均匀播种机，适期适量适墒播种，于日均气温 16～17℃时播种，土壤水分 17％左右为宜。其中北部冬麦区于 10 月上旬播种，基本苗 22 万～25 万株；黄淮冬麦区于 10 月上、中旬播种，基本苗 15 万～22 万；结合种子发芽率精确计算用种量。根据土壤墒情适时（日均气温 3℃左右，昼消夜冻）浇越冬水，一般每亩 40m³ 左右，保证土壤相对含水量达到 70％～75％即可。

（五）稳氮控水一体化技术

正常年份不进行早春肥水管理，节省返青期肥水，蹲苗控节。生育中后期水肥管理采用稳氮控水一体化微喷灌技术：于拔节始期每亩施入 35％～40％计划施氮量＋灌水 40m³；开花后每亩施入 10％～15％计划施氮量＋灌水 30m³，可在保证强筋小麦品质优良的同时，实现节水省肥目的。

（六）综合防控，适时收获

灌浆期结合病虫害防治及喷施叶面肥、植物生长调节剂，做好"一喷三防"等综合防控措施，促进灌浆，提高强筋小麦产量及品质。蜡熟末期及时机械单独收获，防止混杂。

二、适宜区域

适宜北方冬麦区强筋冬小麦生产区，主要包括河北、山东、河南大部、江苏安徽北部、陕西关中地区及山西中南部地区，这些地区处于暖温带，气候温暖适宜，光热资源丰富，小麦生育期间＞0℃积温为

2 000～2 200℃，日照时数为 1 500～2 200h，降水 200～300mm。适于强筋小麦生产的地块多为高产地块，土壤条件优良。

三、注意事项

适当增施有机肥及进行秸秆还田，目的在于实现强筋小麦稳产提质增效的同时，保持地力不降或促进地力稳步提升，为强筋小麦可持续生产提供基础保障。在较为干旱年份，需要适时增加春季返青期水分管理。此外，为了节约灌水，应充分发挥镇压、中耕等其他相应的栽培耕作措施，减少土壤水分蒸发，最大限度利用自然降水。

（主笔人：王晨阳　王策）

弱筋小麦绿色高质高效技术模式

沿江、沿海地区降水相对较多，土壤沙性强、保肥供肥能力差，小麦生长后期温差较小，不利于小麦籽粒蛋白质积累和强力面筋形成，特别适合优质弱筋小麦生产，是我国最大的弱筋小麦优势产区。但实际生产中弱筋小麦品质调优与高产的技术不完全一致，如氮肥施用量和后期施氮比例与小麦产量呈正相关，但也与籽粒蛋白质含量和湿面筋含量呈正相关，产量与品质有一定的矛盾，需要对相关技术集成配套，实现绿色、高质、高效。

本技术方案针对弱筋小麦生产中影响绿色高质高效的限制因素与减肥减药要求，通过"优质弱筋品种＋控氮前移技术＋逆境绿色防控技术"，亩产量水平达到 400～450kg，品质符合 GB/T 17893—1999 或相关面粉加工企业需求，订单生产，优价收购，实现弱筋小麦绿色高质高效。

一、技术要点

（一）控氮前移技术

1. 因产因质定量施肥。 根据弱筋小麦产量水平、品质要求确定合理的肥料用量。弱筋小麦每生产 100kg 籽粒产量，需吸氮 2.6～2.8kg，可结合土壤地力水平、肥料利用效率采用斯坦福公式计算相应的施用量。一般亩产 400kg 左右，总施氮量亩控制在 12～14kg，N：P_2O_5：K_2O 采用 1：0.4：0.4 的比例配合施用磷、钾肥（因土壤地力差异适当调整）。有条件地区可以推介施用新型高效肥料如控（缓）释肥、生物有机肥等。

2. 控氮前移施用。 根据弱筋小麦产量结构特征、生长发育特性与群体质量要求，常规氮肥的基、追肥比例控制在7∶3，即基肥施用量占全生育期总施氮量的70%左右，追肥中壮蘖肥（3～4叶期施用）用量占总施氮量的10%左右，拔节肥（倒3叶期施用）占20%左右，磷、钾肥基追比5∶5或6∶4。缓释氮肥或复混肥推介基肥50%＋拔节肥50%二次施用的方式，更利于高产高效。推介使用机械施肥技术、种肥一体化技术、水肥一体化技术等，以提高肥料利用效率。

3. 根外追肥技术。 根据小麦花后天气与植株生长情况，后期可结合病虫防治喷施生长调节剂、磷酸二氢钾类叶面肥等，有效延缓花后叶片衰老，促进籽粒淀粉形成与灌浆充实，提高籽粒产量，并改善品质。

（二）逆境绿色防控技术

1. 病虫草害绿色防控技术。 按照"预防为主，综合防治"的原则，实施"农业防治、物理防治、生物防治、化学防治"相结合。

农业防治： 精选种子，汰除病粒，推广适期精量播种，提高群体质量，推广高效施肥技术，使用经高温腐熟的有机肥料，轮作换茬，清洁田园等。

生物防治： 应用生物类及其衍生物防治病虫害。

物理防治： 应用灯光、色板、性诱剂、网具等诱（捕）杀害虫。

药剂防治： 根据田间病虫草发生特点，选准药剂，适时适量防治。要合理混用、轮换交替使用不同药剂，克服和推迟病虫害抗药性的发生和发展。

（1）适期化除技术。应根据草相、草龄、墒情等适期使用药剂，重点抓好播后土壤封闭化除与冬前化除，早春根据草情适时开展补除工作。播后芽前墒情适宜时，采用广谱性除草剂或除草剂复配封杀杂草。冬前对播种时未封闭化除或效果不理想、杂草达到防治标准的田块（一般禾本科杂草每平方尺＊50株以上、阔叶杂草每平方尺10株以上），于冷尾暖头的晴好天气及时根据草相及优势草种，选准药剂，进行喷药化除。春后对于草害已达到防治指标的田块，要在小麦拔节前的冷尾暖头、日均温8℃以上（一般在2月下旬至3月上旬）抢晴用药，并避免在寒流来临前后3d内用药，以防发生冻药害现象。

（2）病虫害绿色防控技术。中后期重点抓好纹枯病、白粉病和赤霉病等病虫害防治。

纹枯病：药剂拌种。在返青期至拔节期，当病株率达到10％时，应及时防治，重病田隔7～10d再用药防治1次。

白粉病：当上部3片功能叶病叶率达5％时或病株率达15％时，为防治标准。对早春病株率达5％的田块，可提早防治1次，减轻后期危害程度和防治压力。

赤霉病：于小麦开花初期开展防治，要求"用准时期、用对药剂、用足药量、防足次数"和"见花始防、谢花再防、遇雨补防、一喷三防"，保证防治效果。

麦蚜虫：小麦扬花至灌浆初期，有蚜株率大于25％时或百穗蚜量超过300～500头（天敌与麦蚜比小于1∶150）时，即需防治。此外，苗期平均每株有蚜4～5头时也需进行防治，冬前防治还应适当提高浓度和用药量。

要突出强化"一喷三防"工作，结合病虫防治进行药肥混喷，可一喷多防、保绿防衰、保粒增重。

2. 冻害防御与补救技术。长江中下游地区冬春一般性冻害年年都有，甚至一年出现多次，特别是春季"倒春寒"冻害危害较重。冻害防御措施包括合理选用品种、精细整地提高播种质量、增施有机肥、适期播种、合理肥水、培育壮苗等均可增强麦苗自身抗冻能力。低温来临前，土壤出现旱情时要及时灌水，可有效防冻。旺长苗可适度镇压、适

＊ 1尺≈33.33cm。

时喷施生长调节剂控旺转壮，减轻冻害发生程度。小麦受冻后应根据冻害严重程度增施促恢复肥，小麦拔节前严重受冻，可适量施用壮蘖肥，促使其恢复生长；小麦拔节后发生冻害要在低温后 2~3d 剥查幼穗受冻情况，对茎蘖受冻死亡率超过 10% 以上的麦田要施促恢复肥，幼穗冻死率 10%~30% 的麦田每亩施 5kg 尿素，冻死率 30%~50% 的麦田每亩施 7.5~10kg 尿素，冻死率 50% 以上的麦田每亩施 12~15kg 尿素，争取高位分蘖成穗，挽回产量损失。

3. 倒伏防御技术。倒伏是影响小麦高产稳产的重要障碍因子之一。预防倒伏的主要措施包括选用耐肥、矮秆、抗倒的高产品种，矮壮丰等拌种，合理安排基本苗数，提高整地、播种质量，根据苗情合理运用肥水等促控措施，使个体健壮、群体结构合理。如发现旺长，应及早采用镇压、深中耕等措施，达到控叶控蘖蹲节；群体较大的田块可于拔节前选用适宜药剂进行叶面均匀喷雾，不可重喷。

后期结合病虫防治喷施生长调节剂或磷酸二氢钾等对干热风和高温逼熟有较好缓解作用。

4. 适收专贮技术。蜡熟末期及时抢晴收获，防止连阴雨影响籽粒品质和烂麦场。联合收割机收割或人工收割脱粒，均应及时扬净。

脱粒后及时晾晒 3~4d 或机械烘干，保证籽粒水分≤12.5% 进仓，贮藏于通风干燥处。要求单品种专收、专储、专销，以利优质优价，提高效益。

二、适用区域

适宜沿江沿海等弱筋小麦优势区域。

三、注意事项

1. 提倡水稻田开沟并注意控制好最后灌水时间，强化小麦适期收获，以加快收割与播种进度，为小麦适期耕作播种创造条件。

2. 如果播种时土壤含水量过高、普通的稻茬小麦条播机作业时出现堵塞排种管而易引起缺苗断垄时，推荐采用改进的带状条播机播种。

3. 在稻草还田量较大、地表过松过软时，播种机自带镇压轮往往难以达到理想的镇压效果，可在播种前用专用镇压机压实播种层后再播种，提高播深均匀度；也可在播种后一周内，用专用镇压机具进行播后镇压，使耕层紧密，以利于提高出苗率，促进全苗、齐苗。秋冬季及早春可根据土壤疏松程度及苗情、墒情进行镇压，但拔节后不能再镇压。

4. 注意控制好小麦后期施氮量、安全用药，实现安全优质。

（主笔人：郭文善 曹承富）

小麦全程防灾减灾高产技术模式

"倒春寒"、干热风、"烂场雨"等是冬、春小麦中后期典型的气候灾害。该技术模式针对中后期常见气候灾害提出麦田管理、实现丰产丰收的解决方案。

一、技术要点

(一)"倒春寒"防范技术要点

1. 提早预防，分类管理。要提前做好"倒春寒"防控准备。如遇到低温天气，对已抽穗小麦主要通过根外喷施尿素或磷酸二氢钾及生长调节剂，减轻冷害影响；对缺墒和尚未抽穗的麦田，寒潮到来前提前灌水，改善土壤墒情，调节近地层小气候，缓冲降温影响，预防冻害发生。对土壤墒情较好、尚未拔节的麦田和土壤暄松的麦田进行镇压，弥补土壤缝隙，防止透风跑墒，同时控制旺长。

2. 以肥促长，分类补救。寒潮过后 2～3d，及时调查幼穗受冻情况，采取追肥、叶面喷肥等措施，分类施肥补救，促进恢复生长，争取小蘖赶大蘖、大蘖多成穗。对拔节期仅叶片受冻或主茎幼穗冻死率10%以内的麦田，不必施肥；对冻死率 10%～30% 的麦田，亩施尿素5kg 左右；对冻死率 30%～50% 的麦田，亩施尿素 7～10kg；对冻死率50% 以上的麦田，亩施尿素 12～15kg。对孕穗期前后的小麦，亩补施3～4kg 尿素，或用 50kg 水兑尿素 750g 或磷酸二氢钾 150～200g，并加入适量生长调节剂混合喷施。拔节孕穗肥还需正常施用。

（二）干热风防范技术要点

1. 适时浇灌灌浆水。土壤墒情差的麦田，要在小麦灌浆初期浇水，以满足小麦灌溉生长对水分的需求，同时增加土壤湿度，改善田间小气候，提前预防干热风危害。

2. 喷施叶面肥或适量喷水。在小麦灌浆初期和中期，向植株各喷一次 0.2%～0.3%的磷酸二氢钾溶液，能提高小麦植株体内磷、钾浓度，增大原生质黏性，增强植株保水力，提高小麦抗御干热风的能力。同时，可提高叶片的光合强度，促进光合产物运转，增加粒重。将杀虫剂、杀菌剂与磷酸二氢钾（或其他的预防干热风的植物生长调节剂、微肥）等混配施用，可实现"一喷三防"，即一次施药可达到防病、治虫、防干热风的目的。干热风来临前，每亩喷 $3\sim5m^3$ 清水，也可起到降低干热风危害的作用。

（三）穗发芽防范技术要点

江淮、黄淮中东部、华北东部等出现强对流天气地区，要切实保证沟系畅通，强化排水防湿，防止田间积水和渍害发生，确保麦田雨止田干、沟无积水。要根据收获期降雨情况，防止大风倒伏，预防穗发芽。

（四）"烂场雨"防范技术要点

提前做好收、烘、晒的机械与场所准备工作，立足于在蜡熟末期至完熟初期及时抢收，为下一季播种创造良好的茬口条件。收获后要密切关注天气预报，抢晴晾晒，预防"烂场雨"，确保颗粒归仓。

二、适宜区域

本技术适宜在全国冬小麦产区推广应用，涉及面积 3.2 亿亩以上。近些年，小麦"倒春寒"的影响涉及面积广，持续时间长。部分麦区灌溉设施较差的麦田受干热风的影响也较大。本技术模式推广实施，每年将挽回 5 000 万亩以上的小麦损失。

三、注意事项

1. 应根据天气情况、土壤墒情状况、麦苗生长情况等，选择合适的应用措施，要防止不按冻害等级过度施肥。

2. 小麦遭遇"倒春寒"后，抵抗能力下降，此时要特别注意病虫害的预防。

（主笔人：梁健　刘阿康）

玉　米

玉米全程机械化高产高效技术模式

该技术以玉米增密、抗倒、全程机械化为核心，实现了高产、高效、省工三大目标，对促进玉米规模化生产和集约化经营、提升我国玉米产业竞争力具有重要意义。可根据各地生产条件和技术水平组装配套成多种技术模式，应用前景广阔。

一、技术要点

（一）选择耐密、抗倒、适合机械收获的优良品种及优质种子

选择国家或省审定、在当地已种植并表现优良的耐密、抗倒、适应机械精量点播和机械收获的品种。籽粒机械直收要求后期脱水快、生育期短 5～7d 的品种。

（二）合理增密

根据种植区气候条件、土壤条件、生产条件及品种特性和生产目的，合理株行距配置，确保适宜密度。一般大田比目前种植密度每亩增加 500～1 000 株。西北地区光照条件较好，有灌溉条件的地区一般中晚熟品种亩留苗 6 000～6 500 株、中早熟品种亩留苗 6 500～7 000 株。

（三）机械精播

采用单粒精量播种机进行足墒、适期播种，提高播种质量和群体整

齐度，确保苗全、苗齐、苗匀、苗壮。带种肥播种时，要种、肥分离。

（四）科学施肥

重点抓好大喇叭口期补钾强秆和灌浆后期控氮促脱水。根据各地玉米产量目标和地力水平进行测土配方施肥，在当地推荐配方基础上，氮肥总施用量以测土配方的推荐量为上限并可适当减少，钾肥总施用量以测土配方的推荐量为下限并可适当增加。

（五）化控防倒

对于倒伏频发地区以及种植密度较大、长势过旺的地块，可在玉米6～8展叶期喷施化控剂，控制基部节间长度，增强茎秆强度，预防倒伏。

（六）病虫绿色防控

在采用抗病抗虫品种和包衣种子基础上，加强玉米螟、茎腐病等病虫害的绿色防控，采用高地隙喷药机或植保无人机进行统防统治。

（七）适时收获

根据种植行距及作业质量要求，选择合适的收获机械，玉米完熟后可果穗收获。籽粒机械直收可在生理成熟（籽粒乳线完全消失）后2～4周进行收获作业，春玉米区籽粒含水率降至24％以下、黄淮海夏玉米区籽粒含水率降至28％以下，选择籽粒破碎率低、秸秆粉碎均匀，动力充足、作业效率高且经广泛使用表现良好的主导机型进行机收籽粒，实现总损失率≤5％、破碎率≤5％、杂质率≤3％。

（八）秸秆还田

利用秸秆还田机粉碎秸秆，用翻转犁翻地，深度30～40cm；或秸秆覆盖还田，下茬免耕播种。

（九）机械烘干

收获后，及时烘干或摊匀晾晒，以防霉变。

二、适宜区域

适宜东北、西北、黄淮海区，其他区域可参照执行。

三、注意事项

要抓好播种与收获两个关键环节，玉米密植后要抓好抗倒伏、提高整齐度和防早衰 3 个关键问题，机械收获时间应适当推迟，保证收获质量。

（主笔人：赵久然　李少昆）

玉米水肥一体化绿色高产技术模式

针对水资源短缺、干旱以及水肥利用率低等问题，发展以滴灌为主的玉米水肥一体化高效节水节肥技术，可实现局部精确灌溉与施肥，使玉米保持在最佳水、肥、气状态，提高水肥利用率，达到节本增产增效目的。

一、技术要点

（一）精细整地，施足底肥

平作或垄作，等行距或大小行种植。秋整地，采用深松机或翻转犁进行土壤深松或深翻后，用旋耕机械整平耙细，无垡块、无残茬，并及时镇压，达到待播状态。播前整地，采用灭茬机灭茬或深松旋耕，耕翻深度 20～25cm。结合整地施足底肥，及时镇压，达到待播状态。一般亩施优质农肥 1 000～2 000kg、磷酸二铵 15～20kg、硫酸钾 5～10kg 或用复合肥 30～40kg 作底肥。

（二）铺设滴灌管道

可采用膜下滴灌或浅埋滴灌。根据水源位置和地块形状，主管道铺设主要有独立式和复合式：独立式铺设省工、省料、操作简便，但不适合大面积作业；复合式铺设可进行大面积滴灌作业，要求水源与地块较近，田间有可供配备使用动力电源的固定场所。支管铺设形式有直接和间接连接法：直接连接法成本低但水压损失大，导致土壤湿润程度不均；间接连接法灵活性、可操作性强，但增加了控制、连接件等部件，一次性投入成本加大。支管间距离在 50～70m 时滴灌作业速度与质量最好。

（三）品种及种子选择

选择通过国家或省级审定的高产优质、多抗广适、耐密抗倒、适于机械化种植的优良玉米品种及高质量种子，特别是种子发芽率应达 93％以上，满足机械单粒精量播种需求。

（四）精细播种，滴水出苗

选用具有铺设滴灌带（覆膜）的播种机一次性完成开沟、施肥、播种（起垄、喷洒除草剂）、铺设滴灌带（覆膜）等作业。膜下滴灌采用"一膜一带大垄双行"栽培模式，浅埋滴灌采用宽窄行种植模式，将毛管铺设在窄行内，埋深 5cm 左右，一条毛管管两行玉米。合理增加种植密度，较普通种植方式增加 15％～20％。播后立即接通毛管并滴出苗水。

（五）加强田间管理

播种后立即滴出苗水，及时检查地膜破损和出苗情况，发现地膜破损及时用土压盖，防止大风揭膜。根据降雨、土壤湿度和玉米需水情况，在苗期、拔节期、抽雄期和灌浆期进行适时、适量补充灌溉；根据不同生育阶段需肥规律，结合灌溉实施肥水一体化追施尿素或玉米滴灌专用肥等可溶性肥料。6～8 展叶期进行化控，防止因密度大、水肥充足、植株生长快且株高过高而出现倒伏；适当晚收，降低含水率，提高产量和品质。

（六）回收支管及滴灌带

机械收获前，回收地上部设备和输水管、滴灌带；收获后，清洗过滤网、主管和支管，及时清除田间残膜。

二、适宜区域

适宜西北及东北灌区。

三、注意事项

利用滴灌系统施肥，先滴清水半小时再开始滴肥，以保证施肥均匀性；所有要注入的肥料必须是可溶的，同时还要注意不同肥料间的反应，反应产生的沉淀物会堵塞滴灌系统。每年生产结束后，排空管道中水分，避免冬季冻裂。

（主笔人：赵久然　张吉旺）

玉米种肥同播一体化高产技术模式

该技术以环境友好、资源高效、绿色发展为目标，以培育壮苗、提高肥效、节本增效为重点，可为玉米高产稳产打下良好基础，显著提高玉米产量，降低生产成本。

一、技术要点

（一）选择优良品种及优质种子

选择通过国家或省审定、适宜当地种植的熟期适宜、耐密抗倒、高产稳产、抗逆广适优良玉米品种及高质量种子，特别是种子发芽率应达93％以上，满足机械单粒精量播种需求。

（二）机械精量播种

春玉米区秋季前茬收获后及早灭茬、深松或翻耕，深度不低于25cm，结合整地施足底肥并及时镇压，达到待播状态。黄淮海夏玉米区采用带切碎和抛撒功能的联合收割机收获上茬小麦，留茬高度10cm左右，切碎长度≤10cm，切断长度合格率≥95％，抛撒均匀率≥80％，漏切率≤1.5％。采用可实现种肥同播的玉米单粒精播机播种夏玉米，确保每穴1粒，距离均匀，不重播、不漏播，播深一致（3～5cm），播后覆土压实，墒情不足及时浇"蒙头水"，确保一播全苗。

（三）种肥同播与化肥侧深施

随播种，种肥和基肥分层施入。种肥施于种子侧面 4～5cm 处，种、肥隔离,防止烧种和烧苗。基肥深施,施于种子侧下 12～15cm 处。侧深施种肥,注意种、肥隔离,防止烧种和烧苗。如选用高质量玉米专用缓控释肥,可实现种肥同播,不再追肥;如选用普通复混肥,可在小喇叭口期前后酌情追肥,进行机械侧深施(深 10cm 左右)。

二、适宜区域

适宜全国玉米主产区。

三、注意事项

种肥要选用含氮、磷、钾三元素的复合肥。种肥同播时需做到种、肥隔离,化肥侧深施,防止烧种和烧苗。

(主笔人:徐田军　关义新)

玉米保护性耕作高产高效技术模式

该技术通过少耕免耕秸秆覆盖或深翻深松秸秆深埋等方式，实现秸秆还田，并解决玉米秸秆焚烧、培肥地力、蓄水保墒等绿色高效可持续农业生产问题。可稳步提高玉米产量、降低生产成本、增强抵御干旱能力、提升生产效益，目前已在东北等区域广泛应用。

一、技术要点

（一）玉米秸秆覆盖免耕

秋冬季秸秆覆盖＋免耕，春季直接免耕播种，必要时可在生长前期进行土壤深松（少耕）。该技术主要在东北半干旱区应用。秋季使用联合收获机收获玉米果穗或籽粒，同时粉碎秸秆并和残茬一起覆盖地表越冬。翌年春季，用牵引式重型免耕播种机直接免耕精量播种，并种肥同播，化肥侧深施。少耕每隔2～3年深松一次，打破犁底层。在中低产田，宜采用均匀垄覆盖免耕；在中高产地块，还可采用宽窄行秸秆覆盖免耕。

（二）玉米秸秆覆盖条带耕作

秋季收获时留茬并将秸秆粉碎覆盖于田间，春季播种前或者播种同时，将秸秆归集到宽行形成秸秆覆盖免耕带，在无秸秆窄行深松浅旋形成耕作播种带进行播种。主要在东北半干旱及湿润地区使用。秋季机械收获玉米的同时将秸秆粉碎均匀并撒于地表，留茬高度15cm左右，秸秆粉碎长度20cm左右。秋季或春天播种前，利用条带耕作机将秸秆归行到非播种带常年覆盖，播种带同步进行深松灭茬浅耕，翌年春季用牵引式重型免耕播种机一次性完成播种、施肥、覆土等环节，播后及时镇压。

（三）玉米秸秆深耕翻埋还田

秋季收获时将秸秆粉碎并进行深耕翻埋，旋耕耙平镇压，春季起垄种植。主要在东北半干旱区使用。秋季收获玉米后，将秸秆粉碎均匀，长度不超过10cm，均匀抛于田间，然后深耕30cm以上并深埋秸秆，耙平后镇压或耙平后起垄镇压，达到播种状态。翌年春季，当10cm耕层地温稳定在10℃以上、田间持水量达到60%以上时，采用玉米精量播种机一次完成开沟起垄、播种、施肥、覆土、镇压等作业。如土壤墒情不足，可采用浅埋滴灌、喷灌或坐水种等形式播种。

（四）种植方式

根据各地的光热资源、降水情况、地形地貌及土壤条件等，因地制宜采用平作、垄作或大垄双行交替休闲，等行距或大小行方式种植。

二、适宜区域

主要适宜东北等春播玉米区，其他类似地区也可以采用。

三、注意事项

1. 对于秸秆量较大的地块，需喷施秸秆腐解剂和撒施适量尿素，然后再深埋还田。并应注意控制田间杂草。

2. 免耕播种时，对秸秆量较大和还田年份较长地块，可在拖拉机头安装前置秸秆归行机，增加播种带秸秆清理能力，提高播种质量。

3. 对耕层较浅犁底层较厚地块，在玉米苗期或秋整地时进行土壤深松作业，深松深度 30cm 以上。

（主笔人：宋宝辉　王立春）

玉米雨养旱作高产稳产技术模式

该技术在完全没有灌溉条件下，以玉米雨养旱作节本增产增效为目标、以提高自然降水利用效率为核心，主要解决实现玉米生产"一次播种全苗"和"过卡脖旱关"等关键难点，实现玉米稳产丰产，符合当前节本增效、绿色可持续生产的要求。目前，该技术在京津冀、东北及西北等全国类似生态区得到大面积推广应用。

一、技术要点

（一）选择耐旱品种及优质种子

选用通过国家或省级审定、适宜当地种植的熟期适宜、抗逆广适、高产稳产，特别是耐干旱节水能力强的优良玉米品种。选择高质量包衣种子，种子发芽率应达到93％以上。

（二）抢墒播种与等雨播种

采取抢墒播种或等雨播种技术，实现一次播种全苗。早春可利用土壤化冻后的返浆水或降水所形成的充足墒情，适时抢墒播种；如墒情不足，则采取等雨播种方式，待下透雨后再及时播种，注意采用中早熟品种。

（三）蓄水保墒综合农艺措施

采用保护性耕作、深耕深松、增施有机肥、秸秆还田、秸秆覆盖、免耕直播等耕作方式，充分蓄纳自然降水，减少水分散失，有效保持土壤水分，增强蓄水保墒增产效果。在降水量较少的干旱、半干旱地区，采用地膜覆盖、全膜双垄沟播等蓄水保墒技术。

（四）缓效肥底深施及等雨追肥

采用长效缓释肥一次性底深施，施肥深度 10cm 以上；或采用底肥＋追肥的方式，注意要适期等雨追肥，实现水肥耦合、以肥调水，提高肥效和水分利用效率。

（五）抗旱种衣剂与保水剂复合应用

采用具有抗旱功效的种衣剂进行种子包衣，既能杀虫杀菌又有促进生根和抗旱的作用。也可采用保水剂与种衣剂复合应用。

二、适宜区域

适宜京津冀、东北及西北等全国类似生态区。

三、注意事项

1. 京津冀及类似生态区露地种植，宜选用中早熟品种，既能充分适应抢墒早播和等雨晚播在播期上的变化，又能利用播期和生育期调节躲过或避过"卡脖旱"，实现早播不早衰、晚播能成熟、产量有保障、节水又增效。

2. 西北等旱作农业区，可根据降雨量和积温条件，采用全膜双垄沟覆盖、黑色地膜覆盖、降解地膜覆盖、膜侧覆盖等技术，品种熟期可比露地种植品种长 7～15d。

（主笔人：王荣焕　刘月娥）

东北春玉米"坐水种"
保全苗技术模式

玉米抗旱"坐水种"技术在东北干旱、半干旱地区广泛应用。该技术有效解决了在干旱无灌溉条件地区土壤墒情较差影响玉米播种和发芽出苗的问题，出苗率可提高 30 个百分点以上，并可大幅提高一类苗比例和群体整齐度，实现"一次播种全苗、齐苗、壮苗"，为丰产奠定基础。

一、技术要点

（一）选择耐旱品种及优质种子

选用通过国家或省级审定，适宜当地种植的熟期适宜、抗逆广适、高产稳产，特别是耐干旱萌发出苗能力强的优良玉米品种及高质量种子，种子发芽率应达 93％以上，满足机械单粒精量播种需求。

（二）坐水补墒机械播种

采用玉米抗旱坐（补）水种机械，一次完成开沟、浇水、播种、施肥、覆土、镇压等作业。施（补）水方式一种是种床开沟施水，用施水开沟器在垄上开沟、施水，开沟深度一般 6～10cm、宽度 10～15cm；另一种是种床下开沟施水，施水在种床表土下面，施水铧尖调整到比开沟器铧尖低 3～5cm 处。灌水用量以在 20d 内不降雨可保证出全苗为基本标准，旱情较重或沙质土壤亩施水量 4～6t，旱情较轻地块亩施水量 2～4t。

（三）土壤蓄水保墒农艺措施

通过增施有机肥、秸秆还田、深耕深松、地膜覆盖等耕作方式，增加土壤有机质含量，增强土壤自身蓄水、保墒、保肥能力，减少水分散失，增强蓄水保墒抗旱增产效果。

二、适宜区域

适宜东北干旱、半干旱地区，以及全国类似生态区。

三、注意事项

对采用该技术但播后一个月内无有效降雨的严重旱区，生育期间必须进行多次灌溉。有条件的地区可采取滴灌、微喷、喷灌等节水灌溉技术。

（主笔人：宋宝辉　王立春）

黄淮海夏玉米贴茬直播
高产技术模式

该技术针对黄淮海夏玉米区冬小麦夏玉米一年两熟热量资源紧张、积温不足问题，以夏玉米贴茬早直播和适时晚收为重点、以减少农耗和提高资源利用率为目标，可显著提高玉米产量和品质。已在黄淮海夏玉米区广泛应用。

一、技术要点

（一）品种及种子选择

选择通过国家或省审定、适宜当地种植的熟期适宜、耐密抗倒、高产稳产、抗逆广适优良玉米品种及高质量种子，特别是种子发芽率应达93％以上，满足机械单粒精量播种需求。

（二）上茬秸秆处理

上茬小麦成熟后及时收获，采用带切碎和抛撒功能的联合收割机收获上茬小麦，秸秆留茬高度 10cm 左右，切碎长度≤10cm，切断长度合格率≥95％，抛撒均匀率≥80％，漏切率≤1.5％。

（三）抢时早播、贴茬直播

尽可能加快作业进度和作业间隔，抢时早播，贴茬直播。小麦秸秆还田后及时贴茬抢播夏玉米。选用多功能、高精度、种肥同播的玉米单粒精播机械，一次完成开沟、施肥、播种、覆土、镇压等作业。黄淮海中南部争取在 6 月 15 日前、北部在 6 月 20 日前完成播种。60cm 等行距种植，播深 3～5cm。一般地块亩保苗 4 500 株左右，耐密品种和高产田可适当提高密度。

（四）化学除草

玉米播后苗前，土壤墒情适宜时或浇完"蒙头水"后，及时进行化学封闭除草。或在出苗后，选用适宜除草剂进行苗后除草。规范喷药方法和用量，避免重喷、漏喷和发生药害。

（五）科学肥水

播种时如墒情不足，可先播种、播后及时补浇"蒙头水"。前茬小麦秸秆还田地块以施氮肥为主，配合一定数量钾肥并补施适量微肥。穗期可根据植株长势补施适量氮肥。也可选用高质量专用控释肥一次底深施。

（六）病虫防治

在采用抗病虫品种及高质量包衣种子基础上，加强病虫害特别是突发性、暴食性、流行性病虫害如草地贪夜蛾等的动态监测和预报预警，并进行绿色防控。

（七）适期晚收

在不影响下茬小麦播期情况下，根据籽粒灌浆进程和乳线情况适时晚收，机械收获果穗或直收籽粒，收获后及时晾晒或烘干，以防霉变，提高产量和品质。玉米收获后应及时晾晒或烘干，防止霉变。

二、适宜区域

适宜黄淮海夏玉米区。

三、注意事项

重点提高上茬小麦秸秆的处理质量和夏玉米播种质量。

（主笔人：张吉旺　蔡万涛）

西南西北玉米高产高效栽培技术模式

针对西北灌区光热资源充足、昼夜温差大且具有良好的水肥保障条件；西南丘陵山地播种季干旱、低温等灾害频发且播种机具适宜性差导致播种出苗质量差等，分别提出西北灌区以增密增产、西南丘陵山地以机播壮苗为核心的玉米增产增效技术模式，并已得到广泛使用，增产增收效果显著。

一、技术要点

（一）品种及种子选择

选用通过国家或省级审定、适宜当地种植的熟期适宜、耐密抗倒、抗逆广适、高产稳产优良玉米品种。西北灌区选用品种应适宜机械收获作业，籽粒机械直收要求后期脱水快、生育期短5～7d 的品种。选用高质量包衣种子，种子发芽率应达到93％以上。

（二）适墒适期播种

根据地形、田块大小和种植制度等，选择适宜播种机型。待5～10cm 耕层地温稳定在10℃以上、土壤相对含水量60％～80％时，进行适墒播种，保证苗齐、苗匀、苗全、苗壮。

（三）合理密植

根据气候条件、土壤条件、品种特性等合理株行距配置，确保适宜密度。西北灌区光照条件较好，一般大田比目前种植密度每亩增加500～1 000株，留苗密度每亩6 000株以上；西南丘陵山地留苗密度每亩3 500株以上。

（四）水肥管理

西北灌区采用浅埋滴灌、膜下滴灌、水肥一体化等方式，确保萌发出苗及全生育期充足水肥供应；西南丘陵山地为确保一播全苗齐苗，应足墒播种，如土壤墒情不足可采取坐水种或等雨播种，并根据地力和产量目标等合理施肥。

（五）防止倒伏

西北灌区对于倒伏常发地区和密度较大、生长过旺地块，可在玉米6～8展叶期，喷施化控药剂，控制基部节间长度，增强茎秆强度，预防倒伏。南方丘陵山地可结合追施苗肥，采用人工或选用6hp以上微耕机，配套培土机进行培土起垄，既可提高肥效还可增强植株抗倒性。

（六）适时收获

西北灌区，玉米完熟后可果穗收获，机械粒收在生理成熟（籽粒乳线完全消失）后2～4周收获作业，籽粒水分含量应为25%以下；西南丘陵山地，在玉米生理成熟后机械收获果穗，或待籽粒含水率降至28%以下机收籽粒。收获后及时晾晒或烘干，以防霉变。

二、适宜区域

适宜西北灌区及西南丘陵山地玉米区。

三、注意事项

1. 播种及收获机型选择要因地制宜。

2. 西南丘陵山地要根据自然灾害发生特点（避开倒春寒和高温伏旱）和耕作制度选择适宜播期。

（主笔人：刘永红　薛吉全）

玉米抗倒伏防灾减损技术模式

近年来，黄淮海、东北等玉米主产区多次遭受台风侵袭，受大风和暴雨等天气影响，造成玉米不同程度倒伏或茎折，对丰产造成严重不利影响。为增强玉米抗倒伏能力、减轻台风暴雨灾害对玉米生产的影响，集成了玉米防风抗倒防灾减灾技术，并在生产中被广泛应用。

一、技术要点

（一）选用良种

根据当地气候特点，选择通过国家或省级审定的熟期适宜、高产优质、多抗广适，特别是耐密抗倒伏能力突出的优良玉米品种。

（二）适时播种

适时适墒播种，使玉米关键生育阶段处在较好的气候条件，从而减轻或避开不利天气影响。

（三）合理密植

按品种推荐密度的低限进行种植，改善植株生长条件，促进个体健壮，构建抗倒群体。

（四）适当蹲苗

苗期进行适当蹲苗，促进根系下扎，基部节间粗壮，有利于培育壮苗和提高中后期植株抗倒能力。

（五）合理施肥

采用合理施肥技术，以地定产、以产定肥，并按因缺补缺原则注意补施微肥。适当增施钾肥，提高茎秆机械强度和植株抗倒能力。

（六）化控防倒

拔节期喷施化控剂，降低株高、穗位与重心高度，缩短基部节间长度，增加茎粗与茎秆强度，提高植株抗倒伏能力。

（七）品种间混种植

将抗倒性较强与抗倒性较弱的品种间混种植，提高群体的抗倒伏能力，从而实现减灾稳产。

（八）灾后措施

1. 抢排积水防内涝。 及时挖沟通渠排水，提高土壤通透性，减少植株浸水时间，保持根系活力，促进恢复生长。

2. 分类管理促恢复。 对植株倾斜、未完全倒伏田块，尽量维持现状，依靠自身能力恢复生长。对完全倒伏、茎秆未折断的田块，及早垫扶果穗，防止果穗贴地或相互叠压发芽霉变。对倒伏严重或茎秆折断的田块，适时抢收，已经绝产的田块视情况及时抢收秸秆作青贮饲料。

3. 强化监测控病虫。 加强对穗腐病、大斑病等病虫害及对倒伏严重地块鼠害的监测与防控。

4. 预防早霜促早熟。 采取叶面喷肥和后期站秆扒皮等措施，促进籽粒早熟。适时晚收，提高产量。

5. 改进机具抢收获。 加强收获机具的选型与改进，实施贴地面收获，提高倒伏地块果穗收起率，减少收获损失。

6. 及时脱水防霉变。 人工清选收获果穗，剔除霉变。果穗及时降水处理，离地储存。有烘干条件的及时脱粒、烘干、入库、储存。

二、适宜区域

适宜全国玉米产区及遭遇风灾后应对运用。

三、注意事项

进行间混作的两个品种株型、株高及生育期应基本一致。

（主笔人：鄂文弟　贺娟）

玉米促授粉保结实
防灾减灾技术模式

该技术针对黄淮海夏玉米区频发、西南等其他区域时有发生的高温热害及阴雨寡照气象灾害，集成了以"优选良种、播期调整、合理密植、科学肥水等"为主要内容的玉米高温热害及阴雨寡照防控减灾技术，在黄淮海及西南玉米区大面积应用，效果显著。

一、技术要点

（一）选用优良品种

选用通过国家或省级审定，经当地试验示范和大面积生产实践证明对耐高温热害、阴雨寡照等具有较强抗耐能力的高产稳产优良玉米品种。

（二）调整优化播期

根据当地历年气候条件，通过调整播期，确保玉米品种开花授粉期避开高温干旱及阴雨寡照天气。如开花散粉期遇到连续高温或阴雨天气，必要时可采用人工或利用无人机进行辅助授粉。

（三）合理密植，适当稀植

在品种合理密度范围内，采用最适种植密度下限，构建合理群体结构，减少水分养分竞争，促进个体健壮。及时去除田间杂草及玉米弱小病株，改善通风透光条件，提高光能利用效率，加快田间散热，并可减少营养和水分消耗。

（四）保障良好肥水

高温热害往往和干旱叠加，因此要保障充足水分供应。高温来临前及时灌溉，通过自身蒸腾作用降低植株温度，保持稳定正常"体温"，同时还可改善小气候，降低田间温度。阴雨寡照天气下，及时排涝，适当追施氮肥、微肥及喷施多胺等，进一步改善植株营养状况，强根壮穗。必要时，还可使用无人机或植保机叶面喷施磷酸二氢钾营养液，可有效降低玉米群体冠层叶片温度，补充营养，增强抵抗能力，提高叶片光合生产能力，保证正常生长。

（五）极端危害补救措施

灌浆期，及时调查果穗结实情况。对于高温灾害、阴雨寡照导致穗分化异常和严重减产地块，可根据实际情况及时收获作青贮，将损失降到最低。

（六）抗逆互补型品种间混种植

利用不同品种间的抗性互补、育性互助，选择两个不同基因型玉米品种间混种植，提高群体抗逆能力，从而实现玉米减灾稳产。

二、适宜区域

适宜高温热害及阴雨寡照频发区域。

三、注意事项

1. 无人机辅助授粉时，行高度不宜过低，应根据功率大小适当调整飞行高度。

2. 进行间混作的两个品种株型、株高及生育期应基本一致。

（主笔人：刘永红　王荣焕）

大 豆

东北春大豆垄三栽培技术模式

为充分适应东北地区土壤和气候条件，挖掘大豆品种产量潜力，实现大豆高产、稳产，优化并集成以土壤深松、分层深施肥、精量播种为主的单项技术而形成的技术模式。该技术协调大豆高产需求与环境供给之间的关系，通过土壤深松技术打破犁底层，改善土壤理化性质，提高地温和抗旱防涝能力；通过化肥分层深施减少施肥量，延长供肥时间，提高肥料利用率；通过精量播种技术构建合理群体结构，提高群体光能利用率。和常规技术相比，大豆增产幅度达10％以上，肥料利用率提高10％～15％，每亩增效30元以上。

该技术自20世纪90年代开始大面积示范推广以来，逐渐成为北方春大豆种植区主要栽培技术。应用范围涵盖黑龙江、内蒙古和辽宁各大豆主产区，屡创小面积实收亩产300kg以上、大面积实收亩产200kg以上的高产典型，增产和稳产效果显著。

一、技术要点

（一）秋整地

上茬作物收获后，在土壤宜耕期翻耙整地、垄底深松、起垄夹施底肥（垄距65cm），达待播种状态，翌年春季播种。

（二）垄底、垄沟分期间隔深松

秋整地时进行垄底深松，深度为耕层下 8～12cm；垄沟深松与 3 次中耕结合，分别在大豆出苗显行时、3～4 片复叶期、封垄前进行，第 1、2 次深松深度达到 25cm 以上，第 3 次深松结合苗情进行深松培土。

（三）垄体内分层深施肥

施肥量以测土施肥为依据，秋季起垄夹施底肥，施肥量占总施肥量的 2/3，施肥深度 10～16cm，施肥位置位于垄中央；翌年春季播种时施用种肥，施肥量占总施肥量的 1/3，施肥位置位于双条种子之间、种下 4～7cm。东北北部无霜期短的区域，底肥和种肥施用量各占总施肥量的 1/2。

（四）垄上双条精密点播

选用高产、耐肥、抗倒伏、抗病虫害、适合机械化作业的中早熟品种；精选种子，种衣剂包衣，保证种子出苗率；垄上双条点播，间距 10～12cm，播种深度 3～5cm，覆土严密；中早熟品种播种密度为亩播 2.5 万～3.0 万株，中晚熟品种为亩播 1.9 万～2.2 万株。

（五）病虫草害综合防治

胞囊线虫和根腐病发生较重的地区，可结合轮作和种衣剂拌种进行防治；食心虫结合测报，采用 10% 高效氯氟氰菊酯水乳剂进行防治；播后苗前封闭除草，杂草 2～4 叶叶面喷雾除草。

（六）收获

人工收获，落叶达 90% 时进行；机械联合收割，叶片全部落净、豆粒归圆时进行。

二、适宜区域

东北春大豆种植区。

三、注意事项

秋季未进行起垄深松，可在翌年春季一次完成垄三栽培所有措施，但应注意保墒；春季深松应注意气候条件，春旱不宜进行深松作业，深松深度应比秋季浅。

（主笔人：张玉先　汤松）

大豆宽台大垄匀密
高产栽培技术模式

　　针对东北春大豆生产中的旱涝灾害频发、肥料利用率低、群体抗逆能力弱、生产效益低等问题，研究形成的大豆高产稳产新模式。通过该技术，实现了以"宽台大垄"为载体，提高了抵御春季低温、夏季旱涝灾害能力，提升土壤蓄水保墒能力，推动生态系统的恢复和重续；筛选与培育适宜"宽台大垄"密植的秆强抗倒伏、优质高效大豆品种资源，构建合理群体，增强密植大豆抗倒伏能力，提高保苗株数；基于大豆全生育期化学调控技术，提高大豆抗旱能力，降低密植后大豆株高，协调群体形态建成，提高抗倒伏能力、坐荚率和有效节数；基于营养诊断与立体施肥技术，改善植株营养状况，提高植株综合抗逆能力和大豆群体质量，构建了优质大豆立体诊断高效集约安全施肥技术，防止后期倒伏和落花落荚；增强生物防治（赤眼蜂等）作用，降低农药残留，保证大豆品质。集成与创新实现了东北春大豆产量提升，化肥和农药施用量降低，恢复了土壤生态保育能力。平均亩单产较对照增加 10kg 以上，水分、肥料利用率提高 10% 以上，降低化肥、农药用量 5% 以上，种植成本降低 10%，亩增收 36 元以上。

　　该技术自 2010 年以来在黑龙江省和内蒙古自治区东部地区进行推广和应用，2020 年被黑龙江省农业农村厅推介为黑龙江省主推技术，推广面积逐年递增，2010 年至 2020 年累计推广 3 129.0 万亩，累计新增经济效益超 50 亿元，获得良好效果。

一、技术要点

(一) 整地

秋起垄，垄距 110cm，垄向直、无大坷垃，百米弯曲度不大于 5cm，结合垄偏差小于±3cm，垄高达到 20cm 以上，垄面宽度在 60～70cm。

(二) 品种选择及种子处理

选择高产、优质、综合抗性强的大豆品种，品种的纯度应高于 96%，发芽率高于 95%，含水量低于 13%。挑选种子时，应剔除病斑粒、虫食粒、杂质，使种子净度达到 97% 以上。采用符合绿色标准的化学种衣剂或生物种衣剂包衣。留种田要注意做好田间去杂工作。

(三) 施肥

总施肥量每亩 15～20kg，氮、磷、钾比例 1：1.1～1.5：0.5～0.8。分种肥、底肥和追肥三种方式。种肥：播种时，施种肥每亩地 2～3kg 磷酸二铵，切忌种肥同位，以免烧种；底肥：总施肥量中扣除种肥作为底肥。底肥要做到分层侧深施，上层施于种下 5～7cm 处，施肥量占底肥量的 1/3。下层施于种下 10～12cm 处，施肥量占底肥量的 2/3（积温较低冷凉地区，适当减少下层施肥比例）。追肥：开花始期、结荚始期可喷施尿素，结荚始期和鼓粒始期可喷施磷酸二氢钾，每亩用尿素 0.2～0.5kg、磷酸二氢钾 0.1～0.2kg。

(四) 播种

一般 5cm 地温稳定通过 8℃ 时开始播种。垄上三行的，行距在 22.5～25cm，中间一行比边行降密 1/4～1/3；垄上四行，1～2、3～4 行间距 10～12cm，2～3 行间距 24cm。保苗株数 30 万～35 万株，具体播量依据品种的耐密性、土壤肥力、施肥量、降雨及灌溉情况适当调整。

（五）田间管理

大豆生育期间进行2～3遍中耕，应在土壤墒情适宜时进行。第一遍中耕（深松垄沟）带双杆尺，在大豆1～2片复叶时第一遍中耕进行，第二、三遍中耕选择双杆尺、起垄铧、挡土板，起到散土、灭草、培土作用；以苗前封闭除草配合机械除草为主，必要时选择符合绿色标准的化学除草剂进行苗后茎叶除草；生长过于旺盛农田，采取化控防止倒伏，常用大豆化控剂有三碘苯甲酸、增产灵、多效唑等。

（六）病虫害防治

以农业防治、物理防治、生物防治为主，化学防治为辅，必要时选择符合绿色标准的杀虫剂和杀菌剂。

（七）收获

割茬低，不留荚，割茬高度以不留底荚为准，一般为5～6cm。

二、适宜区域

北方春大豆一年一熟区。

三、注意事项

秋季起垄，保证垄台平整。

（主笔人：张玉先　张哲）

东北春大豆大垄密植浅埋滴灌栽培技术模式

针对东北大豆产区春播期干旱，坐水困难，播后出苗不齐不全，关键生育时期遇旱灌溉难，严重影响大豆单产的问题，研究形成的提高水肥利用效率的技术模式。该技术将大豆传统模式的 65cm 小垄种改为 110cm 的大垄，将原来的垄上 2 行改为垄上 4 行；宽窄行种植，小行距 20cm、大行距 30cm，株距 13～14cm，亩保苗 1.7 万～1.9 万株；4 行中间铺设滴灌管带，确保适时播种出苗，达到苗全、苗齐、苗匀、苗壮。通过缩垄增行、水肥一体，保证生育期间水肥合理供应，提高大豆产量和效益。应用该项技术平均节水率达到 40％以上、节肥 20％以上，平均亩节种 1.0kg。2018—2020 年小面积亩产分别达到 291.1、309.3、310.5kg，连续刷新内蒙古自治区大豆单产最高纪录。目前，该项技术累计推广面积达到 10 万亩。

一、技术要点

（一）选择地块

选择地势平坦、保水保肥较好、具有滴灌条件、不重茬、迎茬的地块。

（二）选用良种

根据当地有效积温条件选用增产潜力大，高产、耐密植、抗倒伏、脂肪含量 21％以上或蛋白质含量 40％以上的品种。所选品种成熟期适当，杜绝越区种植。播前进行种子精选和包衣。

（三）精细整地

前茬是玉米茬的地块，秋收后结合秸秆还田进行秋翻整地达 30cm 以上，并及时耙地镇压。第二年播种前进行旋耕整地，达到土碎无坷垃，结合旋耕亩施有机肥 2～3m³，达到待播状态。

（四）精播密植

采用大垄密植浅埋滴灌专用播种机播种，垄宽 110cm，垄上 4 行，宽窄行种植模式，小行距 20cm、大行距 30cm，株距 13～14cm，亩保苗 1.7 万～1.9 万株，实现缩垄增行。

（五）铺埋滴灌带

4 行中间铺设滴灌管，将滴灌带埋入土壤 1～2cm。播后及时将毛管、支管、主管和首部连通，第一次滴水需滴透，确保出齐苗、匀苗、壮苗。

（六）田间管理

水肥一体化管理，绿色防控，提高大豆产量和效益。

二、适宜区域

适用于耕地土层深厚、具有滴灌条件的东北春大豆产区。

三、注意事项

1. 滴灌管带上面必须盖土，防止春季大风刮走滴灌管。
2. 播种覆土要浅，镇压后厚度 3cm 左右。

（主笔人：包立华　陈常兵）

黄淮海麦茬大豆免耕覆秸
精量播种技术模式

针对黄淮海地区大豆播种时麦秸麦茬处理困难，大豆播种质量差，雨后土壤板结严重影响大豆出苗，土壤有机质含量持续下降，生产成本居高不下等问题，研究形成的技术模式。通过该技术，实现了小麦秸秆的全量还田，解决了播种时秸秆堵塞播种机，麦秸混入土壤后造成散墒、影响种子发芽，土壤有机质下降等长期悬而未决的难题；通过覆盖秸秆，提高了土壤水分利用效率，避免了播种苗带土壤板结；在小麦原茬地上，一次性完成"种床清理、侧深施肥（药）、精量播种、封闭除草、秸秆覆盖"等5项作业，提高播种出苗质量，降低生产成本；通过侧深施肥，提高了肥料利用效率；通过化肥农药减施保证了大豆品质。实现了黄淮海麦茬夏大豆生产农机农艺融合、良种良法配套、生产生态协调。和常规技术相比，可增产大豆10％以上，水分、肥料利用率提高10％以上，降低化肥、农药用量5％以上，亩增收节支60元以上。

该技术自2012年以来单独或作为其他技术的核心内容，连续8年被遴选为农业农村部主推技术。2013年以来在安徽、江苏、山东、山西、河南、河北、北京、陕西等省市多地进行示范、推广，获得良好效果。屡创小面积亩产300kg以上、大面积250kg以上实打实收高产典型。

一、技术要点

（一）优质高产大豆新品种选择

蛋白质、豆浆产率和豆腐产率较高；高产田块大面积种植可达到

200kg/亩；抗大豆花叶病毒、疫霉根腐病，抗旱、耐涝，稳产性好；抗倒性好，底荚高度适中，成熟时落叶性好，不裂荚。

（二）种子处理

精选种子，保证种子发芽率。按照每粒大豆种子粘附根瘤菌 10^5 ～ 10^6 个的用量接种根瘤菌剂，直接拌种或采用高分子复合材料包膜根瘤菌包衣技术。根瘤菌直接拌种后要尽快播种（12h 内）；采用高分子复合材料包膜技术，可以在播前 1～2 个月将根瘤菌包衣到种子上，适合大面积机械化播种。防治病害用 7.4% 苯醚甲环唑·吡唑醚菌酯 FS 拌种。每亩播种量在 3～4kg 之间，保苗 1.5 万株。

（三）小麦秸秆处理

综合考虑小麦收获成本及籽粒损失，建议小麦收获茬高 30cm，不对小麦秸秆进行粉碎、抛撒。

（四）麦茬免耕覆秸精量播种

麦收后趁墒播种，宜早不宜晚，底墒不足时造墒播种。采用麦茬地大豆免耕覆秸播种机播种，横向抛秸、侧深施肥（药）、精量播种、封闭除草、秸秆覆盖一次完成，行距 40cm，播种深度 3～5cm。结合播种亩施复合肥（N：P：K＝15：15：15）10kg，施肥位置在种子侧面 3～5cm，种子下面 5～8cm。

（五）病虫害综合防治

蛴螬发生较重的地区或田块，可结合侧深施肥亩施 30% 毒死蜱微囊悬浮剂 0.5kg 加 200 亿孢子/g 卵孢白僵菌 0.2～0.5kg 或 100 亿孢子/g 金龟子绿僵菌 0.1kg 防治蛴螬。可结合播种实施田间封闭除草，亩施用精甲·嗪·阔复合除草剂 135g，机械喷雾每亩用量 15～20L，防治黄淮海地区大豆田常见的杂草。

二、适宜区域

黄淮海麦、豆一年两熟区。

三、注意事项

如果因为天气原因造成封闭除草效果不佳，应及时采取茎叶处理。

（主笔人：吴存祥　刘芳）

黄淮海夏大豆病害种衣剂
拌种防控技术模式

针对黄淮海夏大豆苗期深受疫霉根腐病、镰孢根腐病、猝倒病、立枯病和拟茎点种腐病等多种土传与种传病害侵袭，引致的出苗率低、幼苗死亡、植株（中后期）早衰、大豆严重减产等问题，研究形成的防控技术。该技术采用悬浮种衣剂不加水的直接、快速拌种方法，操作简单，适宜各种播种方式，不影响种子出芽率和出芽时间，安全性高；选用靶向大豆苗期乃至中后期不同类型（卵菌和真菌）主要病原菌的种衣剂，有效预防控制了病害的发生，降低了农药及肥料的施用量与施用次数。与大豆"白子下地"的常规栽培方式相比，每亩有效株数提高30％以上，根腐病发生率下降60％以上，农药施用量降低20％以上，增产10％以上。该技术近三年在安徽、江苏、山东、河南、河北等省市多地进行示范、推广，取得连续性的良好效果。

一、技术要点

（一）种子筛选

选择抗根腐病、拟茎点种腐病等病害的大豆品种；做好种子调运中的带菌检疫，选用未带病斑和霉腐的优质种子。

（二）种衣剂选择

选用 6.25％精甲霜灵·咯菌腈等悬浮种衣剂防治大豆苗期的卵菌（疫霉根腐病、猝倒病等）和真菌（镰孢根腐病、立枯病和拟茎点种腐病等）病害；地下害虫或刺吸式害虫的高发区，宜添加噻虫嗪、吡虫啉等内吸性杀虫剂进行拌种；选择国家农药登记的大豆种衣剂产品。

（三）拌种方法

以 6.25％精甲霜灵·咯菌腈悬浮种衣剂为例，每千克大豆种子拌 3～4mL 种衣剂，不必加水稀释；根据播种量使用拌种机、干净容器或塑料袋进行拌种，拌种过程控制在 1min 以内，避免种子膨胀、受损；可按需随拌随播，一般可不用专门做晾干处理。

（四）播种方式

拌种后的大豆种子可使用麦茬免耕覆秸播种机等各种播种方式进行播种。

二、适宜区域

黄淮海麦、豆一年两熟区。

三、注意事项

做好农田轮作；生长期田间注意排水防涝。

（主笔人：王源超　陈常兵）

黄淮海夏大豆症青防控技术模式

"症青"为大豆正常成熟时期，植株仍然叶绿、枝青，有荚但豆荚空瘪或者籽粒瘪烂的现象。近年来，大豆症青现象在黄淮海地区大面积发生，且有向周边地区扩散的趋势，严重地影响了大豆产量和品质。针对上述生产突出问题，在明确刺吸式害虫点蜂缘蝽为害是造成大豆幼胚死亡、导致大豆症青发生的基础上，研发了以化学防控为主，物理防控、生物防控和农业防控为辅的黄淮海夏大豆症青防控技术。通过该技术的实施，大豆花荚期田间点蜂缘蝽数量得到有效遏制，减少了点蜂缘蝽对大豆植株的为害，杜绝了大豆症青的发生，防治效果显著。2018年黄淮海地区大豆症青高发，多地因大豆症青而发生绝收，山东禹城5万亩大豆田应用本防治方案对点蜂缘蝽进行了防控，最终大豆平均亩产达到250kg以上，且未发现"症青"田块，防治效果显著。

一、技术要点

（一）化学防控

依据对大豆田间点蜂缘蝽虫情监测结果，确定防治时期及防治次数。一般从大豆开花期开始防治，隔7～10d喷1次，连喷2～3次。可用25％噻虫嗪，建议用量为每亩3～4g；可用25％吡虫啉可湿性粉剂，建议用量为每亩10～15g。两种药剂可间隔轮换使用。

（二）物理防控

大豆花荚期在田间均匀悬挂适量的粘虫板诱杀点蜂缘蝽，粘虫板应高于大豆植株 10~15cm。可结合防控,监测田间点蜂缘蝽发生情况。

(三) 生物防控

以虫治虫,可利用球腹蛛、长螳螂和蜻蜓等捕食性天敌防控点蜂缘蝽;寄生性天敌黑卵蜂等对控制点蜂缘蝽的发生也具有一定作用。

(四) 农业防控

及时清理田间及周边杂草,压低越冬虫源基数。

二、适宜区域

黄淮海麦、豆一年两熟区或其他症青高发区域。

三、注意事项

加强路边树下、灌丛附近大豆田点蜂缘蝽防控;点蜂缘蝽运动能力强,有条件地区建议进行大规模统防统治。

(主笔人:吴存祥　张哲)

黄淮海夏大豆低损高质
机械化收获技术模式

　　针对黄淮海夏大豆产区大豆品种多样、收获损失大、收获质量差、专用收获技术缺乏等现状，研究形成了黄淮海夏大豆低损高质机械化收获技术。该技术从大豆收获易破易碎特性出发，集成适收品种特性、适收期选择方法、大豆专用机械化收获作业部件、关键作业参数调节规程等，形成了大豆低损高质机械化收获解决方案，解决大豆机收损失率大、破碎率高的问题，提高大豆机收质量。近年来在江苏、安徽、山东、河北、河南等地开展示范、推广，与现有其他收获机相比，利用该技术收获大豆损失降低了3％左右，以大豆平均亩单产137.5kg、大豆平均单价5.6元/kg为例，137.5kg×0.03×5.6元/kg＝23.1元，即每亩可增收23.1元。大面积田间试验表明，该技术显著提高了大豆收获作业质量。

　　该技术自2016年以来单独或作为其他技术的核心内容，连续4年被遴选为农业农村部主推技术。在山东、河北、安徽、河南、新疆、内蒙古、辽宁、吉林、黑龙江等地区进行了大规模的示范推广和应用，合计面积达150万亩，增收效果显著，具有较好的应用前景。

一、技术要点

(一) 品种选择

　　选择抗倒伏，株型收敛、株高适中，底荚高度10cm以上，籽粒大小均匀，成熟度一致，不易破碎，植株落黄性好，适合机械化作业的品种。

（二）收获时期

大豆联合收获最佳时期在完熟初期，此时大豆叶片全部脱落，植株呈现原有品种色泽，籽粒含水量降为18%左右。

（三）收获机具

首选专用大豆联合收获机，也可选用多用联合收获机或借用稻麦联合收割机。

（四）部件调整

若选用多用联合收获机或借用稻麦联合收割机，建议更换大豆收获专用挠性割台、大豆脱粒专用脱粒部件、大豆清选专用筛、大豆籽粒输送部件等。

（五）作业参数

不同机型作业参数选择和设置略有差别。一般调整脱粒滚筒线速度至470～490m/min（即滚筒转速为500～650r/min），脱粒段脱粒间隙25～30mm、分离段脱粒间隙20～25mm、导流板角度25°左右、风机转速1 260r/min左右、分风板角度11.5°左右。若采用鱼鳞筛，上筛前部开度约19mm、上筛后部开度约11mm；若采用编制筛，上筛筛孔大小14mm×14mm，下筛筛孔大小12mm×12mm。调整割刀间隙，保证割刀锋利。依据大豆植株状况，适当调整拨禾轮转速和位置。

（六）收获质量

割茬不留底荚，不丢枝，总损失率≤3%、破碎率≤3%、含杂率≤3%、泥花脸≤5%。

二、适宜区域

黄淮海麦、豆一年两熟区。

三、注意事项

1. 在收获时期，一天之内大豆植株和籽粒含水量变化较大，应根据含水量和实际脱粒情况及时调整滚筒的转速和脱粒间隙，降低脱粒破损率。

2. 根据当地大豆种植情况适时收获，割茬适当，充分利用晴天地干时机，突击抢收，防止泥花脸，提高清洁度。

（主笔人：金诚谦　张哲）

南方玉米—大豆带状
复合种植技术模式

针对南方间套作大豆种植中存在的田间配置不合理、大豆倒伏严重、施肥技术不匹配和病虫草防控技术缺乏等四大瓶颈问题，导致产量低而不稳、难以高产出，机具通过性差、难以机械化，轮作倒茬困难、难以可持续，研究形成了该技术模式。通过研究出的"选配品种、扩间增光、缩株保密"核心技术和"减量一体化施肥、化控抗倒、绿色防控"配套技术，实现了"作物协同高产、机具通过、分带轮作"三融合，破解了间套作高低位作物不能协调高产与绿色稳产的世界难题；利用研制出的密植分控播种施肥机、双系统分带喷雾机、窄幅履带式收获机，实现了农机农艺高度融合和单、双子叶作物同步化学除草；形成了"适于机械化作业、作物高产高效和分带轮作"同步融合的技术体系，为保证国家玉米安全、大幅度提高大豆自给率提供了有效途径。和南方净作玉米相比，应用该技术后的玉米产量与原净作产量水平相当，亩新增套作大豆130～150kg，间作大豆100～130kg；带状复合种植系统光能利用率达到3%以上，带状复合种植化肥农药施用量减少25%以上，每亩实现增收节本400～600元。

一、技术要点

（一）选配品种

玉米选用株型紧凑、适宜密植和机械化收获的高产品种，大豆选用耐荫抗倒、宜机收高产品种。

(二) 扩间增光

2 行玉米带与 2～4 行大豆带复合种植，玉米带宽≤40cm，相邻玉米带间距 1.8～2.2m，种 2～4 行大豆，大豆行距 30～40cm，玉米带与大豆带间距 60cm。

(三) 缩株保密

根据土壤肥力适当缩小玉米、大豆株距，达到净作的种植密度，玉米株距 12～14cm，密度为亩 4 500 粒；大豆株距 10～12cm，密度为亩 9 100 粒。

(四) 调肥控旺

按当地净作玉米施肥标准施肥，或施用等氮量的玉米专用复合肥或控释肥，播种时每亩施 40kg 玉米专用复合肥，大喇叭口期亩追施尿素 20～25kg。大豆不施氮肥或大豆专用复合肥，折合纯氮 2～2.5kg/亩。播种前利用大豆专用种衣剂进行包衣，并在分枝期与初花期根据长势亩用 5％的烯效唑可湿性粉剂 25～50g，对水 40～50kg 喷施茎叶实施控旺。

(五) 机播匀苗

带状套作选择 2BYFSF—2 (3) 型玉米、大豆施肥播种机，带状间作选择 2BYFSF—5 (6) 型玉米—大豆带状复合种植施肥播种机，或利用当地的 2～3 行净作播种机一前一后组合播种。播前严格按照株行距调试播种档位与施肥量，播种深度玉米 3～5cm、大豆 2～3cm；播种时间，玉米 3 月下旬—4 月上旬，大豆为 6 月上中旬。

(六) 机收提效

先收玉米后收大豆，用 4YZ—2A 型自走式联合收获机收获玉米果穗，玉米收获后用当地大豆收获机实施收获大豆；先收大豆后收玉米，用 GY4D—2 型联合收获机收获大豆脱粒、秸秆还田，收获大豆后用当地玉米收获机收获玉米；或利用当地本土机型一前一后错位分带收获玉米大豆。

（七）防除杂草

播后芽前亩用 96％精异丙甲草胺乳油 100mL 混加草铵膦80～120g 进行封闭除草；苗后用玉米、大豆专用除草剂，采用 GY3WP—600 双系统分带喷雾机茎叶定向除草。

（八）防病控虫

理化诱抗技术与化学防治相结合，安装智能 LED 集成波段太阳能杀虫灯＋性诱剂诱芯装置诱杀斜纹夜蛾、桃蛀螟、金龟科害虫等；玉米大喇叭口或大豆花荚期病虫害发生较集中时，根据暴发性害虫利用高效低毒农药与增效剂并配合植保无人机统一飞防。

二、适宜地区

南方多熟制大豆区。

三、注意事项

播种前需调试播种机的开沟深度、用种量、用肥量，确保一播全苗；如果封闭除草效果不佳，应及时采取茎叶除草，注意使用物理隔帘定向喷雾。

（主笔人：雍太文　汤松）

南方大豆根瘤菌施用技术模式

根瘤菌与大豆形成的根瘤通过生物固氮，可为大豆生长提供所需氮素营养的60%以上，因此接种根瘤菌成为美国、巴西、阿根廷等世界主要大豆生产国的必备配套技术，且在大豆种植中可不施化学氮肥或仅施少量氮肥。根瘤菌应用能实现氮肥少施、节本增效和绿色发展的多重目标。但这一技术在我国仍未得到广泛应用，目前我国大豆接种根瘤菌的面积仅是其种植面积的5%，其主要原因是缺少根瘤菌施用的轻简化应用技术，根瘤菌新型包衣技术的研发应用是一条可行的途径。

近几年国家大豆产业体系联合研发并形成了根瘤菌新型包衣技术。该技术以具有耐干燥性能的高效根瘤菌为核心，采用新型高分子形态化合物为根瘤菌保护膜，能够实现大豆种子包衣根瘤菌的存活达2～4个月。该技术的研发应用转变了大豆根瘤菌的接种方式，由播前即时拌种改为售前包衣拌种，解决了根瘤菌播前拌种操作费时、增加大豆播前作业量等制约大豆根瘤推广应用的瓶颈。该技术可以减少目前氮肥用量30%，且能增产稳产，并能与机械化播种配套，实现根瘤菌的轻简化应用，为推动根瘤菌的规模化应用提供了新的途径。应用结果表明，在减氮30%条件下，每亩大豆产量比常规施肥平均增产8.0%，增收约60元，增产增效明显。

一、技术要点

（一）选好根瘤菌菌剂产品

选择获得农业农村部登记（有肥料登记证号）的合格根瘤菌菌剂产

品；产品所用的大豆根瘤菌菌株应与大豆品种高效结瘤、具有耐酸和耐铝特性、能适应南方土壤环境条件（如选用生产菌株 *B. japonicum* 5136、5119、5038 的根瘤菌产品）；且该产品在当地进行了试验并表现出稳定增产效果。

（二）采用适宜的根瘤菌施用方式

拌种：按每亩 15～20mL 大豆根瘤菌菌剂的比例量取菌剂，将菌剂倒入大豆种子中，对种子轻轻搅拌，直至所有种子的表面都附着根瘤菌菌剂，待种子阴干后播种，拌有根瘤菌的种子应在 12h 内播种。播种面积大的地区可使用中小型滚筒搅拌机拌种。

种子包衣：大面积种植的农户或大豆种子销售企业，可在播前 1～2 个月进行包衣。按 1：1 的比例将包衣剂溶液与根瘤菌菌剂振荡、混均，按照每千克大豆种子用 6mL 混合液的比例量取混合液，将其倒入大豆种子中，对种子进行搅拌，直至所有种子的表面都附着混合液，待种子阴干后方可装袋。当种子量大时，建议使用包衣机进行包衣，并适当增加混合液的用量。包衣种子在通风干燥环境条件下储存，在 4℃下存放包衣种子的根瘤菌能存活更长时间。有条件的，还可以进行根瘤菌与促生菌的复合包衣技术，以实现新型包衣技术的功能拓展。

机械喷施：将根瘤菌液喷洒在大豆种子下方 3～5cm 处，利于种子幼根形成时即可接触到根瘤菌体，提高接种根瘤菌的占瘤率，增加固氮量。也可将根瘤菌精量喷施设备安装在播种机上，实现机械播种、施肥和根瘤菌接种一体化作业。

（三）配套施肥

氮肥用量可比常规施肥减少 30％以上，土壤肥沃的地块氮肥最好在花期或荚期追施。春大豆每亩施钙镁磷肥 10～15kg；夏大豆的前茬作物为玉米时可不施肥，前茬作物为其他作物时每亩施钙镁磷肥 10～15kg。

二、适宜区域

南方大豆一年两、三熟区。

三、注意事项

1. 根瘤菌菌剂应包装完好，并且在保质期内；菌剂开袋后立即使用，一次用完。

2. 如包衣所用的容器有杀菌剂或农药残留时，用干净水将其清洗三遍以上。

（主笔人：李俊　刘芳）

南方大豆植保无人机
高效施药技术模式

针对南方山区丘陵大豆种植区地面植保机械下地难，雾滴穿透性差，作业效率较低等问题，研究形成此技术模式。植保无人机相较于人工和地面植保机械，作业效率高、地形适应性更强，由于无人机下洗风场对雾滴的辅助输送作用，喷施均匀性和穿透性好于地面植保机械。通过该技术，实现了省药 30%，省水 90%，农药利用率达到 45%～48%，大幅提高作业效率，解决了复杂地形下大豆植保机械化作业难题。

一、技术要点

（一）无人机配置

植保无人机应符合国家相关规定，同时还应具备自主飞行、断点续喷、随速（变量）喷雾、高精度定位、数据可视化等必备功能。山区丘陵植保作业的无人机推荐安装仿地雷达。

（二）操作人员

飞控手应经过有关航空喷洒技术的培训，并取得作业资质。进行飞防作业时，飞控手必须严格遵守农药安全使用规程，要穿戴好专用防护服并佩戴口罩；必须与植保机保持一定的安全距离，严禁无关人员靠近；有风时应站在上风口方向施药；完成作业时应及时更换服装。

（三）作业时间

选择作物感病生育期和杂草敏感期施药，如花期和杂草盛发初期，避免在天敌敏感期施药。

（四）药剂配制

根据作物病虫害发生情况，可选择 1～3 种药剂混配。药液配制过程中按施药液量的 0.3%～0.5% 添加植保无人机专用助剂。农药应现混现用。

（五）作业参数

雾滴直径为 50～200μm，亩施药液量≥1.0L。飞行速度 3～6m/s，高度宜在作物冠层上方 1～3m。对于雾滴分布均匀性要求较高的作业，应优先选择离心式喷头，对穿透性要求较高的作业，应优先选择压力式喷头。

（六）施药作业

起飞时，操作人员视线应高于作物高度，观察飞行器是否稳定可控。根据设定好的作业路线进行手动喷雾作业，或者设定自动航线进行自主飞行喷雾作业。对于地块开阔、田间无影响无人机飞行的障碍物的情况下，应使用自主飞行模式以减少重喷漏喷。手动操作时应注意保持稳定的飞行速度、高度，航线偏离最宽距离不应超过 10cm。先与田块边界保持 1～2 个喷幅进行匀速平行的喷洒作业，喷施全部完成后，再对未施药的 1～2 个喷幅进行匀速闭环喷洒。在丘陵或山丘等复杂地形作业时，应沿着地形坡度由上向下沿同一方向飞行喷洒。针对玉米大豆复合种植模式下施药时，无人机航线应为南北方向，并适当降低飞行高度。

（七）效果检查

无人机施药时可在大豆田间放置水敏纸以检测农药雾滴的沉积特

性。作业后应及时查看防治效果,测试水敏纸雾滴个数不得低于20个/cm²。若发现明显漏喷区域,应及时补喷;若发现明显重喷区域,应定期观察,及时采取补救措施。

二、适宜区域

南方平原及丘陵山地大豆种植区。

三、注意事项

1. 施药作业区块边际50m范围内无鱼塘、河流、湖泊等水源。飞防结束后若药箱内还有剩余药液,应妥善处理,严禁随地泼洒。

2. 无人机植保作业时,适宜环境温度为5～35℃,当气温超过35℃时应暂停作业;相对湿度宜在50%以上;作业时风速不可大于三级风,大于二级风时,建议适当降低作业高度,并在作业结束后适当补喷。

3. 大豆生长前期,可适当提高作业飞行速度,但提高幅度不超过1m/s。

4. 使用离心式喷头的无人机,飞行高度可适当下移0.2～0.5m。

5. 病虫害严重时亩药量增至1.2～2L,同时可酌情添加0.5%～1%植物油型助剂。

(主笔人:李俊　刘芳)

第二部分

DIER BUFEN

病虫害绿色防控模式

东北粳稻病虫害全程
绿色防控技术模式

一、技术要点

(一) 主要防治对象

重点防治二化螟、稻瘟病、纹枯病、恶苗病，同时做好稻曲病、立枯病、青枯病、穗腐病、细菌性褐斑病、叶鞘腐败病、胡麻斑病、赤枯病、白叶枯病、稻潜叶蝇、负泥虫、稻飞虱、稻螟蛉、黏虫、稻蝗的防治。

(二) 防治总体原则

以种植抗（耐）病品种、种子处理和苗床处理为基础，优先采用微生物农药、昆虫性诱剂、人工天敌等防治措施，孕穗末期至穗期采用高效、低残留药剂预防穗期主要病害、防治迁飞性突发害虫。

(三) 选用抗性品种及种子处理

选用抗稻瘟病、稻曲病、白叶枯病的品种，避免种植高（易）感病品种。采用24.1%肟菌·异噻胺种子处理悬浮剂，1kg 干种子 15～20mL 药液，先将药剂与适量清水混合配制成药液，将干种子放入塑料袋中，加入配制好的药液，将塑料袋口封闭并充分摇动，使药液均匀包被在种子上。将包衣种子放置于阴凉通风处晾干，次日进行清水浸种催芽。或选用25%氰烯菌酯悬浮剂 2 500～3 000 倍液，先将所需药液倒入少量清水稀释，将稀释后的药液均匀泼洒在浸箱内搅拌均匀，放入精选过的种子充分搅拌，在 10～16℃ 以上恒温浸泡 7～8d，积温达100℃。芽种出箱后，平摊于水泥地面常温晾晒 1d 后播种。

（四）苗床土壤处理和秧田期防治

苗床土酸度调至 pH 4.5～5.5 之间。选用 100 万孢子/g 寡雄腐霉菌可湿性粉剂 2 500～3 000 倍液或 0.3％多抗霉素水剂 5～10mL/m² 或30％甲霜·恶霉灵水剂 1mL/m²，苗床均匀喷透，10d 后同剂量再喷施一次。秧苗一叶一心期，当秧田出现立枯病、青枯病、绵腐病时，上述药剂同剂量喷雾。苗床注意通风降湿。水稻潜叶蝇、负泥虫发生区，移栽前 1～2d，选用 25％噻虫嗪悬浮剂亩 4～6mL，茎叶喷雾。

（五）本田期防治

1. 水稻潜叶蝇。 水稻移栽后浅水灌溉，雨后水层过深时及时排水。潜叶蝇发生时可排水晒田，减轻为害。当水稻被害株率 5％以上时，选用 100 亿孢子/g 短稳杆菌悬浮剂 600～700 倍液或 25％噻虫嗪悬浮剂亩喷 4～6mL，叶面均匀喷雾。

2. 稻瘟病。 当田间出现叶瘟急性病斑时，选用 1 000 亿活芽孢/g枯草芽孢杆菌可湿性粉剂亩施 20g 或 75％三环唑 20～30g 或 5％多抗霉素水剂 75～93mL 或 20％烯肟·戊唑醇悬浮剂 50mL，叶面喷雾挑治，如天气适宜病害流行，应全田施药。预防穗颈瘟，在水稻破口期，选用5％多抗霉素水剂亩施 75～93mL 或 6％春雷霉素可溶液剂亩施 40～50mL 或 75％肟菌·戊唑醇水分散粒剂亩施 12g，叶面均匀喷雾。如遇连阴雨天气，齐穗期同剂量第二次施药。

3. 纹枯病。 防治纹枯病，大田平整灌水后捞清菌核，带出田外集中处理。分蘖末期至孕穗抽穗期田间出现病株时，采用 24％井冈霉素 A水剂亩施 25～30mL 或 20％井冈·蜡芽菌可湿性粉剂亩施 100～120g，茎叶均匀喷雾。孕穗末期至穗期可结合穗颈瘟、稻曲病防治兼治。

4. 稻曲病、穗腐病和叶鞘腐败病。只可预防不可治疗。于水稻孕穗末期，即破口前 7～10d（10％水稻剑叶叶枕与倒二叶叶枕齐平时），选用 10％井·蜡芽菌可湿性粉剂亩施 100～120g 或 24％井冈霉素 A 水剂亩施 25～30mL 或 1％申嗪霉素悬浮剂亩施 60～90mL 或 40％咪酮·氟环唑悬浮剂亩施 20～30mL，叶冠层均匀施药。如遇多雨天气，7d 后第 2 次施药。

5. 二化螟。越冬代蛾始见期开始，至全季末代蛾期结束，集中连片设置二化螟性诱剂群集诱杀或交配干扰。群集诱杀选用持效期 3 个月以上的挥散芯和干式飞蛾诱捕器，平均每亩 1 套均匀设置或内疏外密。诱捕器高度，水稻拔节期前诱捕器底边距地（水）面 50cm，拔节期之后，底边置于叶冠层下方 10cm 至上方 10cm 之间。交配干扰采用高剂量信息素智能喷施装置，每 3 亩设置 1 套，设置时间同群集诱杀，傍晚至日出每隔 10min 喷施 1 次。二化螟蛾高峰期释放稻螟赤眼蜂，每代蛾期放蜂 2～3 次，间隔 3～5d，放蜂量为每亩 10 000 头/次。每亩均匀设置 6～8 个放蜂点。分蘖期于枯鞘株率 1％、穗期于卵孵化高峰期时进行药剂防治，选用 80 亿孢子/g 金龟子绿僵菌 CQMa421 可湿性粉剂亩施 60～90g 或 32 000IU/mg Bt 可湿性粉剂亩施 100～200g 或 100 亿孢子/mL 或 400 亿孢子/g 球孢白僵菌水分散粒剂亩施 26～35g，茎叶喷雾。

6. 负泥虫。当大部分卵已孵化、幼虫盛期，于清晨有露水时用扫帚等将叶片上幼虫扫落至水中，连续 3～4 次。

7. 黏虫和稻螟蛉。黏虫于田间低龄幼虫 30 头/m² 、稻螟蛉于卵孵化盛期，选用 32 000IU/mg Bt 可湿性粉剂亩施 100～200g 或 10％四氯虫酰胺悬浮剂亩施 20mL，茎叶喷雾。稻螟蛉应重点防治邻近田边 2m 左右的稻田，杜绝全田施药。

二、适宜区域

适宜东北粳稻种植区。

三、注意事项

1. 重视病害的预防，抓好两个预防关键期，一是种子处理，预防恶苗病；二是孕穗末期至抽穗期，第一次施药为孕穗末期叶枕平（破口前7~10d），预防稻曲病、穗腐病、叶鞘腐败病，第二次施药为破口期，预防穗颈瘟，如遇连阴雨等适宜病害流行天气，在齐穗期第三次施药。

2. 避免重施、偏施氮肥，适当增施磷钾肥，减轻中后期纹枯病、稻瘟病、稻曲病发病，降低倒伏风险。

3. 禁止使用拟除虫菊酯类杀虫剂，慎用有机磷类杀虫剂，扬花期慎用新烟碱类杀虫剂（吡虫啉、啶虫脒等），减少对授粉昆虫的影响；破口抽穗期慎用三唑类杀菌剂，避免药害。

（主笔人：郭荣　宫香余　陈立玲）

华南双季稻病虫害全程
绿色防控技术模式

一、技术要点

(一) 主要防治对象

重点防治稻飞虱、稻纵卷叶螟、二化螟、稻瘟病、纹枯病、稻曲病、白叶枯病、南方水稻黑条矮缩病，同时做好穗腐病、锯齿叶矮缩病、橙叶病、三化螟、稻瘿蚊、趾线螨的防治。

(二) 防治总体原则

该区域应以稻田生态系统和健康水稻为中心，以抗（耐）病虫品种、生态调控为基础，降低病虫发生基数，发挥水稻植株的补充能力，优先采用农艺措施、昆虫信息素、天敌昆虫、微生物农药等非化学防治措施减轻危害，当病虫严重发生时，采用高效、低残留、环境友好型药剂控制成灾。

(三) 选用抗（耐）性品种

选用抗（耐）稻瘟病、稻曲病、白叶枯病、白背飞虱、褐飞虱的品种，避免种植高（易）感病品种，合理布局种植不同遗传背景的水稻品种。

(四) 翻耕灌水灭蛹

冬闲田、绿肥田早春螟虫蛹期统一翻耕，灌深水浸没稻桩，沤田7～10d。早稻收割后，及时翻耕灌水淹没稻桩，能有效降低螟虫存活率。

（五）生态调控

田埂和田边不喷施灭生性除草剂，保留功能性禾本科杂草和显花植物，种植芝麻、大豆、波斯菊、硫华菊、百日菊等显花植物，涵养寄生蜂、蜘蛛和黑肩绿盲蝽等天敌；路边沟边、机耕道旁成行种植诱集植物香根草，丛距 3～5m，降低螟虫种群基数。

（六）种子药剂处理

预防恶苗病、稻瘟病、稻飞虱、稻蓟马、病毒病，每千克干种子选用 25%咪鲜胺水乳剂 80～100mL 或 24.1%肟菌·异噻胺种子处理悬浮剂 15～20mL 与 60%吡虫啉悬浮种衣剂 2～4g 或 50%吡蚜酮 1.5～2g 拌种或浸种。病毒病流行区，晚稻种子处理可加入 30%毒氟磷可湿性粉剂。

（七）秧田覆盖阻隔育秧和带药移栽

病毒病流行区，早稻采用 20～40 目、晚稻采用 20 目防虫网，或 15～20g/m² 无纺布，水稻落谷出苗前或覆膜育苗揭膜后，立即覆盖防虫网或无纺布，四周用土压实，全程覆盖秧苗。防虫网四周设立支架或拱棚，支架顶端与秧苗保持 30cm 以上高度，无纺布可直接覆盖在秧苗上。全程不揭网（布）。移栽前，揭开网（布），炼苗 2～3d 后移栽。揭网（布）后应立即喷施送嫁药，带药移栽。所选药剂以防治本田初期稻飞虱、病毒病、苗瘟、稻蓟马为主。

（八）昆虫性信息素

于二化螟、大螟越冬代成虫始见期、稻纵卷叶螟迁入代成虫始见期开始，至当季或全年末代成虫发生期结束，田间设置二化螟、大螟、稻纵卷叶螟性诱剂群集诱杀或交配干扰。群集诱杀选择持效期 3 个月以上或不少于早稻或晚稻靶标害虫成虫历期的挥散芯和干式飞蛾诱捕器，平均每亩放置 1 套，高度以诱捕器底端距地面 50～80cm 为宜。挥散芯到期应及时更换。不能将两种挥散芯安装在一个诱捕器内，装有不同害虫挥散芯的诱捕器间距不低于 5m。交配干扰采用高剂量信息素智能喷射装置，平均每 3 亩设置 1 套，傍晚至日出每隔 10min 喷施 1 次。

(九) 释放稻螟赤眼蜂

二化螟、稻纵卷叶螟蛾始盛期释放稻螟赤眼蜂，每代放蜂 2～3 次，间隔 3～5d，每亩均匀放置 5～8 点，每次亩放蜂量 8 000～10 000 头。高温季节宜在傍晚放蜂，蜂卡放置高度以分蘖期高于植株顶端 5～20cm、穗期低于植株顶端 5～10cm 为宜。手抛型释放球可直接抛入田中。

(十) 穗期病害预防

孕穗末期至破口齐穗期，药剂预防稻瘟病、纹枯病、稻曲病、穗腐病、叶鞘腐败病、胡麻叶斑病等穗期病害。于孕穗末期，即破口前 7～10d（10％水稻剑叶叶枕与倒二叶叶枕齐平时）第一次施药预防稻曲病、穗腐病、叶鞘腐败病，药剂可选择井冈·蜡芽菌或申嗪霉素或咪酮·氟环唑或肟菌·戊唑醇等；破口期第二次施药，预防穗颈瘟，药剂品种以防治稻瘟病为主，可选择枯草芽孢杆菌或 75％三环唑或多抗霉素或春雷霉素等；若遇连阴雨天气，齐穗期第三次施药，药剂品种同第二次施药，但需品种轮换。当同时发生螟虫、稻飞虱时，应加入对口药剂进行兼治。

(十一) 利用植株补偿能力

水稻分蘖期至孕穗末期前，利用植株补偿能力，放宽稻纵卷叶螟、螟虫防治指标，减少田间施药。

(十二) 本田期主要病虫害的药剂防治

药剂防治以预防和控害为目的。非病毒病发生区，移栽后 45d 尽量不施药防治病虫害，发挥植株补偿能力。防治南方水稻黑条矮缩病等病毒病，在做好秧田期保护和带药移栽的基础上，当介体昆虫带毒率较高时，移栽后 15～20d 喷施金龟子绿僵菌 CQMa421 或吡虫啉或吡蚜酮或烯啶虫胺，并加入毒氟磷。细菌性条斑病、白叶枯病常发区，台风、暴雨之前和之后，喷施噻唑锌或噻霉酮或中生菌素预防。稻叶瘟在田间出现急性病斑时，选用枯草芽孢杆菌或三环唑或多抗霉素或咪鲜胺，叶面均匀喷雾。纹枯病于分蘖末期封行后，当田间出现病斑时，选用井冈霉素 A 或噻呋酰胺或咪酮·氟环唑，对准茎部均匀喷雾。跗线螨发生区，于分蘖期和破口前选择专用杀螨剂防治。

二、适宜区域

适用于广东、广西、海南、福建、湖南南部等双季稻种植区。

三、注意事项

1. 耕沤灭蛹、昆虫性信息素应集中连片应用，面积越大效果越好。

2. 重视病害的预防，病毒病、恶苗病、稻曲病、穗腐病、穗颈瘟、叶鞘腐败病等只可预防不可治疗。

3. 避免使用无人机喷施预防细菌性病害药剂。

4. 当一季或一年需要多次防治同一靶标病虫害时，所选药剂品种应轮换、交替使用，避免一种药剂一季使用 2 次以上。

5. 禁止使用拟除虫菊酯类杀虫剂，限制使用有机磷类杀虫剂，水稻扬花期慎用新烟碱类杀虫剂（吡虫啉、啶虫脒、噻虫嗪等），减少对授粉昆虫的影响；破口抽穗期慎用三唑类杀菌剂，避免药害。

（主笔人：卓富彦　郑静君）

长江中下游水稻全程绿色防控技术模式

一、技术要点

（一）主要防治对象

重点防治二化螟、稻飞虱、稻纵卷叶螟、纹枯病、稻瘟病、稻曲病、穗腐病、恶苗病、白叶枯病、南方水稻黑条矮缩病、细菌性基腐病，同时做好大螟、稻秆潜蝇、稻瘿蚊、稻蓟马、稻叶蝉、条纹叶枯病、黑条矮缩病、根结线虫病的防治。

（二）防治总体原则

该区域应以建立良好稻田生态系统、生态调控、种植抗（耐）病虫品种和农业防治为基础，降低病虫发生基数；培育健康植株，发挥植株的补偿能力；优先采用昆虫信息素、天敌昆虫、微生物农药等非化学防治措施减轻危害；当病虫严重发生时，采用高效、低残留、环境友好型药剂控制成灾。

（三）抗（耐）病虫品种和合理布局

选用抗（耐）稻瘟病、稻曲病、白叶枯病、白背飞虱、褐飞虱的品种，避免种植高（易）感病品种，合理布局种植不同遗传背景的水稻品种。单双季稻混栽区提倡一定面积区域内（如县域、乡域）集中连片种植单一稻作，并统一播期，避免单双季稻插花种植，减轻螟虫发生程度。

（四）生态工程

丰富稻田生物多样性，田埂和田边不喷施灭生性除草剂，保留功能性禾本科杂草和显花植物；种植芝麻、大豆、丝瓜、黄秋葵、波斯菊、硫华菊、百日菊等显花植物，涵养天敌；路边沟边、机耕道旁成行种植香根草，丛距 3～5m，行距不大于 60m，降低螟虫种群基数。

（五）农业防治

越冬代螟虫蛹期（一般在 3 月下旬到 4 月中下旬）翻耕冬闲田、绿肥田，灌深水浸没稻桩 7～10d，降低越冬虫源存活率。加强水肥管理，适时晒田，避免重施、偏施、迟施氮肥，增施磷钾肥，提高水稻抗逆性。

（六）种子药剂处理

以预防恶苗病、稻瘟病、稻飞虱、稻蓟马、螟虫、病毒病、线虫病为主要对象确定适宜的杀虫剂、杀菌剂品种。预防恶苗病，选用咪鲜胺或氰烯菌酯或肟菌·异噻胺；预防苗瘟，选用咪鲜胺；预防稻飞虱、稻蓟马、南方水稻黑条矮缩病、条纹叶枯病、黑条矮缩病，选用吡虫啉或吡蚜酮，病毒病流行区，加入毒氟磷。

（七）秧田覆盖阻隔育秧和带药移栽

病毒病流行区未用杀虫剂种子处理时，早稻采用 20～40 目、晚稻采用 20 目防虫网，或 15～20g/m² 无纺布，水稻落谷出苗前或覆膜育苗揭膜后，立即覆盖防虫网或无纺布，四周用土压实，全程覆盖秧苗。防虫网四周设立支架或拱棚，支架顶端与秧苗保持 30cm 以上高度，无纺布可直接覆盖在秧苗上。全程不揭网（布）。移栽前，揭开网（布），炼苗 2～3d 后移栽。揭网（布）后应立即喷施送嫁药，带药移栽。所选药剂以防治本田初期稻飞虱、病毒病、螟虫、叶瘟、稻蓟马为主，应与种子处理药剂品种轮换。

（八）螟虫的非化学防治

1. 昆虫性信息素。于二化螟、大螟越冬代成虫始见期、稻纵卷叶螟迁入代成虫始见期开始，至当季或全年末代成虫发生期结束，大面积连片设置二化螟、大螟、稻纵卷叶螟性诱剂群集诱杀或交配干扰。群集诱杀选择持效期 3 个月至 6 个月的挥散芯和干式飞蛾诱捕器，平均每亩放置 1 套，高度以诱捕器底端距地面 50～80cm 为宜。挥散芯到期应及时更换。不能将两种挥散芯安装在一个诱捕器内，装有不同害虫挥散芯的诱捕器间距不低于 5m。交配干扰采用高剂量信息素智能喷射装置，平均每 3 亩设置 1 套，傍晚至日出每隔 10min 喷施 1 次。

2. 释放稻螟赤眼蜂。二化螟、稻纵卷叶螟蛾始盛期释放稻螟赤眼蜂，每代放蜂 2～3 次，间隔 3～5d，每亩均匀放置 5～8 点，每次亩放蜂量 8 000～10 000 头。高温季节宜在傍晚放蜂，蜂卡放置高度以分蘖期高于植株顶端 5～20cm、穗期低于植株顶端 5～10cm 为宜。手抛型释放球可直接抛入田中。

（九）利用植株补偿能力

水稻分蘖期至孕穗末期前，利用植株补偿能力，放宽稻纵卷叶螟、螟虫防治指标，减少田间施药。

（十）穗期病害预防

孕穗末期至破口齐穗期，药剂预防穗颈瘟、纹枯病、稻曲病、穗腐病、叶鞘腐败病、胡麻叶斑病等穗期病害。于孕穗末期，即破口前 7～10d（10％水稻剑叶叶枕与倒二叶叶枕齐平时）第一次施药预防稻曲病、穗腐病、叶鞘腐败病，药剂可选择井·蜡芽菌或申嗪霉素或咪酮·氟环唑或肟菌·戊唑醇等；破口期第二次施药，预防穗颈瘟，药剂品种以防治稻瘟病为主，可选择枯草芽孢杆菌或 75％三环唑或多抗霉素或春雷霉素等；若遇连阴雨天气，齐穗期第三次施药，药剂品种同第二次施药，但需品种轮换。当同时发生螟虫、稻飞虱时，应加入对口药剂进行兼治。

（十一）本田期药剂防治

移栽后 45d 尽量不施药防治病虫害，并推迟首次施药时间。药剂防治以预防和控害为目的。非病毒病发生区，发挥植株补偿能力。防治南方水稻黑条矮缩病等病毒病，在做好秧田期保护和带药移栽的基础上，当介体昆虫带毒率较高时，移栽后 15～20d 喷施金龟子绿僵菌 CQMa421 或吡虫啉或吡蚜酮或烯啶虫胺，并加入毒氟磷。防治二化螟，分蘖期于枯鞘丛率达到 8%～10% 或枯鞘株率 3% 时施药，穗期于卵孵化高峰期施药，选用苏云金杆菌或金龟子绿僵菌 CQMa421。稻飞虱和稻纵卷叶螟实行达标防治，防治稻飞虱，选用金龟子绿僵菌 CQMa421 或吡蚜酮或烯啶虫胺或醚菊酯，中后期褐飞虱种群量大时，避免选用吡虫啉；稻纵卷叶螟防治关键期为孕穗末期至穗期保护剑叶，选用 Bt 或短稳杆菌或金龟子绿僵菌 CQMa421 或甘蓝夜蛾 NPV 或球孢白僵菌等微生物杀虫剂。叶瘟在田间出现急性病斑时，选用枯草芽孢杆菌或三环唑或多抗霉素或咪鲜胺，局部挑治，如遇适宜天气，全田施药。纹枯病于分蘖末期封行后，当田间出现病斑时，选用井冈霉素 A 或噻呋酰胺或咪酮·氟环唑，对准茎部均匀喷雾。台风、连阴雨、低洼泡水田时，注意预防细菌性条斑病、白叶枯病、细菌性基腐病，于田间出现感病株时，以及台风、暴雨前后，及时施药预防，选用噻唑锌或噻霉酮或中生菌素。

二、适宜区域

长江中下游单季稻和单双季混栽稻区。

三、注意事项

1. 耕沤灭蛹、性诱剂应大面积连片应用，面积越大效果越好。

2.注意轮换、交替用药,避免同一品种一季两次以上使用。要根据当地病虫的抗药性现状,合理选用药剂。

3.禁止使用拟除虫菊酯类杀虫剂,慎用有机磷类杀虫剂,水稻扬花期慎用新烟碱类杀虫剂(吡虫啉、啶虫脒、噻虫嗪等),减少对授粉昆虫的影响;破口抽穗期慎用三唑类杀菌剂,避免药害。种桑养蚕区和稻虾、稻鱼、稻蟹等种养区及其邻近区域,慎重选用药剂,避免对养殖造成毒害。

(主笔人:郭荣　万春华　姚晓明)

西南单季稻病虫害全程绿色防控技术模式

一、技术要点

(一) 主要防治对象

重点防治稻瘟病、纹枯病、稻曲病、稻飞虱、二化螟、稻纵卷叶螟、白叶枯病、南方水稻黑条矮缩病、恶苗病，同时做好黏虫、大螟、显纹纵卷叶螟、稻赤斑沫蝉、稻叶蝉、稻蝽、三化螟、穗腐病、叶鞘腐败病、胡麻叶斑病、细菌性条斑病、水稻霜霉病的防治。

(二) 防治总体原则

该区域应以稻田生态系统和健康水稻为中心，以抗（耐）病虫品种、生态调控为基础，降低病虫发生基数，发挥水稻植株的补充能力，优先采用农艺措施、昆虫信息素、天敌昆虫、微生物农药等非化学防治措施减轻危害，当病虫严重发生时，采用高效、低残留、环境友好型药剂控制成灾。

(三) 选用抗（耐）病虫品种

选用高抗稻瘟病，抗（耐）稻曲病、白叶枯病、白背飞虱、褐飞虱的品种，避免种植高（易）感病品种。不同稻区，有针对性地采用具有不同抗病基因的品种；同一稻区，有计划地轮换使用和搭配种植多个不同的抗病品种，避免连续多年大面积种植同一品种。

（四）生态调控

稻田边和田埂不使用灭生性除草剂，保留禾本科杂草和显花植物，为天敌提供栖息场所和蜜源。稻田边和田埂种植芝麻、大豆、丝瓜、波斯菊、百日菊、硫华菊、万寿菊等显花植物，为天敌提供蜜源，提高天敌控害能力。田边机耕道旁、较宽的田埂和地角、公路边种植诱集植物香根草，丛距 3～5m，降低螟虫种群基数。

（五）种子处理

重点针对稻瘟病、恶苗病、稻飞虱、病毒病，选用 24.1％肟菌·异噻胺种子处理悬浮剂或 25％咪鲜胺水乳剂和 60％吡虫啉悬浮种衣剂或 50％吡蚜酮，病毒病发生区增加 30％毒氟磷可湿性粉剂，按登记剂量拌种或浸种催芽。

（六）秧田覆盖阻隔育秧和带药移栽

病毒病流行区，采用 20～40 目防虫网或 15～20g/m² 无纺布，水稻落谷出苗前或覆膜育苗揭膜后，立即覆盖防虫网或无纺布，四周用土压实，全程覆盖秧苗。防虫网四周设立支架或拱棚，支架顶端与秧苗保持 30cm 以上高度，无纺布可直接覆盖在秧苗上。全程不揭网（布）。移栽前，揭开网（布），炼苗 2～3d 后移栽。防虫网（布）覆盖育秧时，种子处理不添加杀虫剂。揭网（布）后应立即喷施送嫁药，带药移栽。所选药剂以防治本田初期稻瘟病、稻飞虱为主。

（七）螟虫的非化学防治

1. 耕沤灭蛹。 越冬代螟虫蛹期统一翻耕，灌深水浸没稻桩，沤田 7～10d，能有效降低螟虫存活率。

2. 昆虫性信息素。 二化螟、大螟、三化螟越冬代成虫始见期、稻纵卷叶螟迁入代成虫始见期开始，至末代成虫发生期结束，田间设置性诱剂群集诱杀或交配干扰。群集诱杀选择持效期 3～5 个月的挥散芯和干式飞蛾诱捕器,平均每亩放置 1 套,高度以诱捕器底端距地面 50～80cm 为宜。不能将两种挥散芯安装在一个诱捕器内,装有不同害虫挥散芯的诱捕器间距不低于 5m。交配干扰采用高剂量信息素智能喷射装置,平均每 3 亩设置 1 套,傍晚至日出定时定量喷施性信息素。

3. 释放稻螟赤眼蜂。 二化螟、稻纵卷叶螟蛾始盛期释放稻螟赤眼蜂,每代放蜂 2～3 次,间隔 3～5d,每亩均匀放置 5～8 点,每次亩放蜂量 8 000～10 000 头。高温季节宜在傍晚放蜂,蜂卡放置高度以分蘖期高于植株顶端 5～20cm、穗期低于植株顶端 5～10cm 为宜。手抛型释放球可直接抛入田中。

(八) 稻鸭共育

水稻移栽缓苗后,将 15～20d 的雏鸭放入稻田,每亩放鸭 10～30 只,水稻齐穗时收鸭。通过鸭子取食活动,减轻纹枯病、稻飞虱、福寿螺和杂草等的为害。

(九) 利用植株补偿能力

水稻分蘖期至孕穗末期前,利用植株补偿能力,放宽稻纵卷叶螟、螟虫防治指标,当稻纵卷叶螟卷叶率 50% 以下时,可以弃治,减少施药。

(十) 本田期药剂防治

1. 稻瘟病。 分蘖期田间发现叶瘟急性病斑时挑治叶瘟,如天气适宜病害流行,应全田施药预防。药剂选用 1 000 亿活芽孢/mL 枯草芽孢杆菌可湿性粉剂亩施 20g 或 75% 三环唑亩施 20～30g 或 5% 多抗霉素水剂亩施 75～93mL 或 6% 春雷霉素可溶液剂亩施 40～50mL。

2. 纹枯病。 分蘖末期封行后,当田间出现病斑时,选用 24% 井冈霉素 A 或咪酮·氟环唑或申嗪霉素,对准茎部均匀喷雾。

3. 稻飞虱和稻纵卷叶螟。在做好生态调控、种子处理和带药移栽等基础性措施的基础上，尽可能发挥自然天敌控制作用。稻飞虱重点预防分蘖初期"落地成灾"。当稻飞虱和稻纵卷叶螟种群量达到防治指标时，优先选用微生物农药，如 80 亿孢子/mL 金龟子绿僵菌 CQMa421 可湿性粉剂（或可分散油悬浮剂）防治稻飞虱、稻纵卷叶螟和二化螟，32 000IU/mL 苏云金杆菌可湿性粉剂、100 亿孢子/mL 短稳杆菌悬浮剂、30 亿 PIB/mL 甘蓝夜蛾核型多角体病毒悬浮剂防治稻纵卷叶螟和二化螟。

4. 细菌性病害。防治白叶枯病、细菌性条斑病、细菌性基腐病、细菌性心腐病，暴雨之前药剂预防，暴雨后及时施药控制病害蔓延，药剂选用噻唑锌或噻霉酮或中生菌素等。

5. 穗期预防。孕穗末期至破口齐穗期，药剂预防稻瘟病、纹枯病、稻曲病、穗腐病、叶鞘腐败病、胡麻叶斑病等穗期病害。于孕穗末期，即破口前 7~10d（10% 水稻剑叶叶枕与倒二叶叶枕齐平时）第一次施药预防稻曲病、穗腐病、叶鞘腐败病，药剂可选择井冈·蜡芽菌或申嗪霉素或咪酮·氟环唑或肟菌·戊唑醇等；破口期第二次施药，预防穗颈瘟，药剂品种以防治稻瘟病为主，可选择枯草芽孢杆菌或多抗霉素或春雷霉素或肟菌·戊唑醇等；若遇连阴雨天气，齐穗期第三次施药，药剂品种同第二次施药，但需品种轮换。

二、适宜区域

四川、重庆、贵州、云南等单季稻区。

三、注意事项

1. 重视病害的预防，病毒病、恶苗病、稻曲病、穗腐病、穗颈瘟、叶鞘腐败病等只可预防不可治疗。

2. 种子处理、秧田期和本田期防治的药剂品种应轮换、交替选用，避免一种药剂一季使用 2 次以上。

3. 稻飞虱和病毒病终年繁殖区，晚稻收割后应及时翻耕稻桩，减少再生稻、落谷稻，减少越冬虫源和毒源。

4. 禁止使用拟除虫菊酯类杀虫剂，限制使用有机磷类杀虫剂，水稻扬花期慎用新烟碱类杀虫剂（吡虫啉、啶虫脒、噻虫嗪等），减少对授粉昆虫的影响；破口抽穗期慎用三唑类杀菌剂，避免药害。

（主笔人：谈孝凤　肖卫平　卓富彦）

昆虫性信息素防治水稻鳞翅目害虫技术模式

一、技术要点

(一) 防治对象

昆虫性信息素可防治水稻二化螟、三化螟、大螟、稻纵卷叶螟、显纹纵卷叶螟、稻螟蛉、黏虫等鳞翅目害虫,各稻区应根据本区域的主要害虫确定,同一田块可采用性信息素同时防治多种靶标害虫。

(二) 应用时期

本地越冬害虫为越冬代或为害代成虫始见期,迁飞性害虫为迁入代成虫始见期开始使用,当季末代成虫发生期结束。害虫终年繁殖为害区,全年或水稻生长季设置。

(三) 群集诱杀法

1. 田间设置。开阔稻田按平均每亩 1 套设置,诱捕器间距 25～30m。田间布局外围多,中间区域少,上风口多,下风口少。山地、丘陵田根据地形特征,在上风口、背风和低洼田增加设置。在有稻草垛的村庄,应围村设置 1～2 圈,诱捕器间距 30～35m。

2. 挥散芯(诱芯)和诱捕器选择。挥散芯为专一性,根据田间防治对象和成虫发生历期确定挥散芯,挥散芯持效期至少覆盖一个成虫历期,北方稻区可选择 3 个月,南方单季稻区选择 6 个月,双季稻区选择 3 个月(一季)或 6 个月(双季)。诱捕器选择干式飞蛾诱捕器。装有不同种靶标害虫挥散芯的诱捕器的间距不少于 5m。同一时间段 1 个诱捕器内只能安装 1 种靶标害虫的挥散芯,不同时间段根据需要可以更换不同种类害虫的挥散芯,更换前应清洗,清除原设靶标害虫挥散芯的气味,避免交叉污染。

3. 挥散芯和诱捕器的安装。将挥散芯安装到干式诱捕器多网孔圆锥体下端指定位置并固定。干式诱捕器与地面垂直方向安装在固定杆上,开口向下,不可倒置,可随植株生长调节高度,固定杆牢固插入泥土中,不倾斜、不倒伏。

4. 设置高度。水稻拔节期之前诱捕器底边距地(水)面 50cm,拔节期之后,防治二化螟、三化螟、大螟、稻螟蛉,诱捕器底边于叶冠层下方 10cm 至上方 10cm 之间;防治稻纵卷叶螟、显纹纵卷叶螟,诱捕器底边低于水稻叶冠层 10~20cm;防治黏虫,诱捕器底边高于水稻叶冠层 10~20cm。

(四)交配干扰法(迷向法)

1. 挥散芯的选择。性信息素迷向用挥散芯可为单一或多靶标,且有效成分总释放量每月≥1.6g/亩。

2. 缓释装置。选用智能缓释喷射装置或迷向专用挥散芯。高剂量性信息素喷射缓释装置平均 3 亩 1 个,傍晚至日出定时定量喷施信息素。25~30cm 长的迷向专用挥散芯平均每亩 30~50 枚,等量均匀设置,当挥散芯的释放剂量增加时,可相应减少设置点数。挥散芯和缓释装置置于水稻叶冠层下方 20cm 至上方 20cm 之间。

(五)收回挥散芯和缓释装置

防治结束后收回诱捕器,拆除挥散芯,洗净,避光保存,下次重复使用。挥散芯按农药废弃物进行处理;缓释装置取出干电池后保存,待下次使用。

二、适宜区域

华南、西南、长江中下游、黄淮、江淮、北方稻区。

三、注意事项

1. 昆虫性信息素应连片大面积应用，面积越大效果越好，最小使用面积不少于 150 亩。水稻的前作、邻作为靶标害虫的寄主作物或栖息地、越冬场所时，其前作田、邻作田也应使用。

2. 产品的选择：根据防治对象代次和成虫发生期，选择取得国家农药登记证、具有相应持效期的挥散芯。挥散芯释放量稳定均匀，持效期不应短于 1 个月或 1 个代次的成虫历期。诱捕器选择无异味、白色透明、非再生原料制作的干式诱捕器等。

3. 群集诱杀的挥散芯不可单独使用，必须与诱捕器配合使用。

4. 设置时间不应按水稻生育期确定，应按靶标害虫成虫羽化时间确定，在成虫羽化之前 3～5d 开始设置最佳。

5. 当诱捕器内死虫超过半瓶时，及时清除，或靶标害虫每个代次成虫发生期结束时清理一次。

6. 如挥散芯当季未使用，勿拆包装袋，放入冰箱冷冻保存。

（主笔人：杜永均　郭荣　朱景全）

释放赤眼蜂防治水稻螟虫技术模式

一、技术要点

(一)防治对象

水稻二化螟、稻纵卷叶螟，兼治大螟等鳞翅目害虫。

(二)赤眼蜂蜂种选择

稻螟赤眼蜂为稻田优势高效蜂种。地理种群优先选择本地种群。

(三)放蜂方法

1. 释放适期和时间。害虫成虫始发期，于上午5—9时或傍晚16—19时放蜂。

2. 释放数量和次数。稻螟赤眼蜂每次亩释放6 000~10 000头，每代释放2~3次，两次间隔4~6d。当二化螟或稻纵卷叶螟成虫发生期较长时，可增加1次释放。

3. 释放密度。每亩均匀设置5~8个放蜂点。

4. 释放位置。蜂卡或杯式释放器挂放高度与水稻叶冠层齐平至叶冠层之上10cm，并随植株生长调整高度。高温季节蜂卡置于叶冠层下5~10cm。抛撒型释放器可直接投入田间。

二、适宜区域

各稻区水稻二化螟、稻纵卷叶螟、大螟等鳞翅目害虫发生区。

三、注意事项

1. 赤眼蜂产品田间释放前，应在室内进行质量检测。

2. 赤眼蜂为活体昆虫，临释放前的赤眼蜂产品可在 7～10℃、相对湿度 50%～60%的条件下（或冰箱冷藏室）暂时贮存，最长不超过 7d。

3. 放蜂期间避免使用对赤眼蜂具有毒性风险的农药，避免在大风大雨等恶劣天气释放。

4. 大面积连片释放效果好。有条件的稻田可在田埂、田边种植芝麻、酢浆草等蜜源植物。

（主笔人：王甦 郭荣）

水稻生态工程控制害虫技术模式

一、技术要点

(一) 冬季空闲田种植绿肥

秋季水稻收割后种植豆科作物紫云英，亩产鲜草1 500kg以上，翌年3月下旬至4月初翻耕灌水腐熟，为稻田节肢动物天敌提供越冬场所。

(二) 田边田埂保留功能性禾本科杂草和显花植物

田边田埂不喷施灭生性除草剂，保留禾本科杂草，条段种植秕谷草、游草。

(三) 种植蜜源植物

利用田边田埂种植蜜源作物或显花植物，如芝麻、大豆、黄秋葵、丝瓜等作物，波斯菊、硫华菊、百日菊、蛇床等开花植物。

(四) 田边种植诱虫植物香根草

在田边、机耕道边成行种植香根草，间隔3～5m种植1丛，多行平行种植时，行距不大于60m。香根草为多年生，初次种植时，应浇水和少量施肥，提高成活率。

(五) 稻田中插花种植茭白

面积0.5～1亩，为天敌提供栖息场所。

（六）昆虫性信息素防治

二化螟从越冬代成虫始见期、稻纵卷叶螟从迁入代成虫始见期开始，至当季末代成虫末期，连片设置性诱剂群集诱杀或交配干扰，降低田间虫口密度。群集诱杀法平均每亩 1 套挥散芯和干式飞蛾诱捕器，外密内稀或均匀放置，挥散芯持效期 3 个月以上。交配干扰法采用性信息素缓释喷射装置，平均 3 亩设置 1 套，定时定量释放信息素。

二、适宜区域

华南、西南、长江中下游、黄淮、江淮、北方稻区。

三、注意事项

1. 种植的蜜源植物应建立在生态安全性评价基础上，应有利于天敌昆虫而不利于害虫。

2. 香根草不能种植在稻田内和田间小田埂上，以免影响水稻生长和农事操作。香根草对除草剂较敏感，植株周围慎用除草剂。

3. 水稻生长前期发挥水稻植株的补偿能力，放宽螟虫、稻纵卷叶螟等害虫的防治指标，移栽后 45d 内尽量不用化学农药，当害虫种群量达到防治指标时，优先选用微生物农药，保护天敌。

（主笔人：吕仲贤　徐红星　郭荣）

长江中下游稻区抗药性杂草
绿色防控技术模式

一、技术要点

（一）当季诊断杂草抗药性技术

采集1叶1心杂草用贴牌水培法进行检测，诊断杂草抗药性的情况，指导精准用药。

（二）早期生态绿色控草技术

农业措施：通过土地深翻平整、清洁田园、水层管理、诱导出草、肥水壮苗、施用腐熟粪肥、水旱轮作、轮作换茬等农业措施，形成不利于杂草萌芽的环境，保持有利于水稻良好生长的生态条件，促进水稻生长，提高水稻对杂草的竞争力。

生物有机肥早期控草技术：以化感植物为材料，富含黑褐色腐殖质等有机辅料为载体，合理复配成符合农业农村部标准的有机控草肥。在水稻移栽后3～5d及保水7～10d、每亩施用量100kg情况下，对稻田杂草防效在85％以上，具有控草活性强，杀草谱广，作用时间长，绿色安全等优点。

（三）精准对靶施药技术

1. 机插秧田杂草防控采用"一封一补"或"一封一杀"策略。 早稻插秧时气温较低，缓苗较慢，选择在插秧后的7～10d，秧苗返青活棵后，选用丙草胺、苯噻酰草胺等进行土壤封闭处理，后期根据田间杂草发生情况，进行针对性补防。中晚稻在插前 1～2d 或插后 5～7d 选用丙草胺、苄嘧磺隆、吡嘧磺隆进行土壤封闭处理；插后 15～20d 选用五氟磺草胺、氰氟草酯、恶唑酰草胺等进行茎叶喷雾处理。

2. 水直播稻田杂草采用"一封一杀"策略。早稻在播种后气候条件适宜的情况下，选择在播种后的 1～3d 内，选用丙草胺、苄嘧磺隆等进行土壤封闭处理，在第一次用药后间隔 15～18d，选用氰氟草酯、恶唑酰草胺、五氟磺草胺、苄嘧磺隆等药剂进行茎叶喷雾处理。中晚稻可以选择在旋耕整地时选用丙草胺、苄嘧磺隆进行土壤封闭处理，在第一次用药后间隔 10d 左右，选用氰氟草酯、恶唑酰草胺、五氟磺草胺、苄嘧磺隆等进行茎叶喷雾处理。

3. 旱直播稻田采用"一封一杀一补"策略。播后苗前选用丙草胺等进行土壤封闭处理，播后 15～20d 选用五氟磺草胺、恶唑酰草胺、氰氟草酯等进行茎叶喷雾处理。根据田间残留草情，选用相应除草剂进行补施处理。

针对敏感或低抗类型田块，茎叶喷雾处理采用"多靶标除草剂协同延抗"技术模式，以"ALS－ACCase 抑制剂、ALS－HPPD 抑制剂、ALS－ACCase－HPPD 抑制剂"等不同作用靶标的除草剂联合施用，减轻单一除草剂使用的选择压，减缓杂草抗药性。针对中/高抗田块，茎叶喷雾处理采用"靶向差异除草剂轮换控抗"技术模式，根据杂草抗药性特征，以不同靶向除草剂如 ALS 抑制剂、ACCase 抑制剂、HPPD 抑制剂等轮换使用，高效防除抗药性杂草。

二、适宜区域

我国长江中下游水稻主产区，主要包括上海、江苏、浙江、安徽、江西、湖北、湖南等省（直辖市）。

三、注意事项

有机控草肥具有抑制种子萌芽功能，适用于水稻移栽田，包括大苗移栽、抛秧、机插等多种方式；但对于杂草发生期长的直播稻田，需与其他除草方式结合。除草剂品种必须严格按照农药标签施药。

（主笔人：柏连阳　刘都才　张帅　任宗杰）

黄淮麦区小麦病虫草害
全程防控技术模式

以黄淮麦区小麦条锈病、赤霉病、麦蚜和杂草为主，兼顾茎基腐病、吸浆虫、小麦叶螨（红蜘蛛）、纹枯病、白粉病、全蚀病、孢囊线虫、土传花叶病毒病等，集成健康栽培、生态调控、天敌保护利用、生物农药和高效低毒低风险化学农药科学使用及高效植保器械应用的综合防控技术模式。

一、技术要点

（一）小麦播种期

1. 农业技术。 针对条锈病、麦蚜、地下害虫、白粉病、纹枯病、根腐病、全蚀病等，在播前整地阶段尽量将秸秆粉碎并深翻、耙匀，增加地下害虫的死亡率，减少镰孢菌等病原菌基数。

2. 品种选择和种子处理。 因地制宜推广抗（耐）病小麦品种，压缩高感品种种植面积。对苗期不抗病的品种实施种子药剂处理。根据防控对象，选择三唑类、苯醚甲环唑、咯菌腈、新烟碱类、毒死蜱、辛硫磷等拌种或包衣。在条锈病发生严重区域，实施药剂拌种预防措施；在土传花叶病毒病发生严重的地区，种植抗病品种是控制该病害的主要措施；对于孢囊线虫可采用阿维菌素种子处理；全蚀病发生区采取硅噻菌胺或苯醚甲环唑进行种子处理。

（二）小麦出苗—越冬期

加强地下害虫、蚜虫、叶螨、纹枯病、锈病、白粉病和孢囊线虫病的发生动态监测，及时对早发病田进行控制。条锈病秋苗防治坚持"带药侦查、发现一点、防治一片"，及早控制菌源量，减少外传，同时兼治白粉病；防治药剂可选用三唑酮、戊唑醇、氟环唑等；苗期蚜虫发生量达标后要及时防治，压低基数，减少穗期防治压力，防治药剂可选用苦参碱，天然除虫菊等生物农药或吡虫啉等；胞囊线虫、根腐病发生严重的地块，在出苗后尽快采取镇压措施。

（三）小麦返青期—拔节期

加强条锈病、纹枯病、叶螨、地下害虫早期预防。在加强生态控制和生物防治的基础上，春季对条锈病早发麦田控制发病中心，当田间条锈病平均病叶率达到 0.5%～1% 时，白粉病病叶率达到 10% 时，及时组织开展大面积防治，防止病害流行危害。防治药剂可选用戊唑醇、氟环唑等杀菌剂。小麦纹枯病病株率达 10% 时，选用井冈霉素、戊唑醇等杀菌剂喷施麦苗茎基部，每 7～10d 喷药 1 次，连喷 3 次。小麦叶螨平均 33cm 行长螨量 200 头或每株有螨 6 头时，可选用阿维菌素、哒螨灵、阿维菌素等药剂喷雾防治。对于未经种子处理的麦田，返青后地下害虫为害死苗率达 10% 时，可结合锄地用辛硫磷加细土（1∶200）配成毒土，先撒施后锄地提高防效。

（四）小麦孕穗期—扬花期

根据蚜虫、吸浆虫、赤霉病、白粉病、叶螨、条锈病等发生情况，按照防治指标开展"一喷三防"。当田间发生单一病虫时，进行针对性防治。在黄淮南部地区的赤霉病常发区，加强栽培管理、合理施肥、排灌，主动用药预防，遏制病害流行。在小麦抽穗至扬花期遇有阴雨、露水和多雾天气且持续 2d 以上，应于小麦齐穗至扬花初期主动喷药预防，做到扬花一块防治一块；对高感品种，首次施药时间可适当提前。药剂品种可选用氰烯菌酯、咪鲜胺、多菌灵或相应的混配药剂等，要用足药量，施药后3～6h内遇雨，雨后应及时补治。对多菌灵产生高水平抗性的地区，应停止使用多菌灵等苯丙咪唑类药剂，改用氰烯菌酯、戊唑醇等进行防治，以保证防治效果。黄淮麦区田间百穗蚜量达到800头以上，天敌与麦蚜比例小于1：150时，可用选择性杀虫剂如抗蚜威、新烟碱类、拟除虫菊酯类等药剂喷雾防治。小麦抽穗初期每10块黄板或白板（120mm×100mm）有1头以上吸浆虫成虫，或在小麦抽穗期，吸浆虫每10网复次有10～25头成虫，或者用两手扒开麦垄，一眼能看到2～3头成虫时，用高效氯氰菊酯或毒死蜱进行喷雾防治，起到穗期保护的作用，并可兼治麦蚜、黏虫等害虫。小麦叶螨平均33cm行长有螨量200头或每株有叶螨6头时，可选用阿维菌素、哒螨灵等喷雾防治。当白粉病病叶率达10％或条锈病病叶率0.5％～1％时，可选用三唑类等杀菌剂及时喷药防治，若病情重，持续时间长，间隔15d后可再施用1次。

（五）灌浆期

在每百穗蚜量超过800头，白粉病、叶锈病和叶枯病病叶率超过10％时，可采用杀虫剂和杀菌剂混合喷雾防治。常采用拟除虫菊酯类或新烟碱类杀虫剂、三唑类杀菌剂与磷酸二氢钾混合喷雾。

二、适用区域

本技术适用于黄淮麦区。本技术适用于大面积连片种植区，种植面积至少在200亩以上。

三、注意事项

1. 采取生态控制措施区域，早春尽量减少化学农药的使用，以免误伤天敌；如确需防治，可选用对天敌友好的微生物农药或仿生农药。

2.化学农药要严格按标签说明使用，不得随意加大使用量；收获前用药要遵守安全间隔期，防治小麦穗期病虫害，要注意在收获前15d停止使用农药和生长调节剂。

3.后期"一喷三防"药剂混配要注意配制顺序，以免影响药效。根据病虫情，适当调整施药时期，尽量避免在天敌发生发展的关键时期用药。此外可改进施药技术，尽量减轻对天敌的不利影响。

4.赤霉病防治区要注意轮换用药，减缓抗药性产生。

（主笔人：彭红　武予清）

西北麦区小麦病虫害全程防控技术模式

西北麦区小麦主要病虫种类有条锈病、白粉病、蚜虫、小麦叶螨、地下害虫和麦田杂草等。以土壤深翻、合理施肥为基础，抗病品种为关键，通过杀菌剂、杀虫剂和植物免疫诱抗剂种子处理，环境友好型农药混配"一喷三防"，结合高效药械应用，形成西北麦区全程绿色防控技术模式。

一、技术要点

（一）播种期

1. 土壤深翻。 采取深翻土壤和施用基肥相结合技术，减少越冬病虫草源，压低病虫草基数。提倡施用农家肥、有机肥，改良土壤生态环境，促使小麦健壮生长，增强抗病性。

2. 选用抗、耐病品种。 选择综合性状好、抗病性强的当地主栽品种，播前对种子进行清选、晾晒，从外地调运引种新品种，一定要选择适宜当地的抗病品种。

3. 种子处理（药剂拌种、包衣）。根据区域主控对象对症选择药剂进行种子处理。防治条锈病可用三唑酮、戊唑醇、己唑醇等药剂进行小麦种子拌种或包衣；防治蚜虫可用适量吡虫啉拌种；防治地下害虫可用辛硫磷等药剂拌种，为减少农药用量、提高防效，拌种或包衣时可增加植物免疫诱抗剂。

4. 适期晚播。 在气候条件允许、不影响正常出苗及能够安全越冬的前提下，将小麦播种期较正常年份适当推迟 7~15d，以减少秋苗感病概率，降低越冬菌源量。

（二）苗期

1. 冬前除草。11 月中下旬至 12 月上旬，气温 10℃以上，开展小麦冬前化学除草。禾本科杂草可选择啶磺草胺、甲基二磺隆、炔草酸、精恶唑禾草灵等进行防除；阔叶杂草可选用唑草酮、苯磺隆等进行防除。禾本科杂草和阔叶杂草混发的麦田，应分次使用对应的除草剂，不能随意混配。

2. 条锈病查治。冬前加强小麦苗期条锈病的查治力度，以陕南和关中西部区域为主，在准确监测的基础上，实施带药侦察，"发现一点，控制一片"，降低病原基数。

（三）返青拔节期

1. 农业防治。在合理肥水管理的基础上，铲除田间地头的杂草、小檗等小麦条锈病寄主植物；中耕或耙耱破坏适宜小麦叶螨发生的环境，消灭虫体，降低虫口密度。

2. 药剂防治。小麦条锈病防治坚持"发现一点，控制一片"，药剂可用三唑类杀菌剂喷雾防治，同时兼治白粉病等。小麦叶螨发生时，可用阿维菌素、哒螨灵等药剂防治。

（四）穗期

"一喷三防"技术（含高效药械应用技术）。小麦抽穗扬花期多种病虫同时发生危害，可将杀虫剂、杀菌剂、植物生长调节剂、叶面肥（磷酸二氢钾等）等混配使用，实施病虫害"一喷三防"，一次施药，既防病、防虫，又防早衰。

防治药剂以优先选用生物农药为主，如井冈霉素、枯草芽孢杆菌、嘧啶核苷类抗菌素、苦参碱等；化学农药选用三唑酮、戊唑醇、氟环唑、多菌灵、吡虫啉、啶虫脒等，药剂浓度严格按照农药包装说明推荐的剂量使用。在小麦生长中后期喷药，亩用水量应适当加大。提倡使用大型自走式喷雾机、植保无人机等开展小麦"一喷三防"，提高作业效率和农药利用率。

二、适用区域与范围

本技术模式适用于西北冬小麦种植区，包括陕南、甘肃南部、青海东部等地区。本技术模式适用于100亩以上，土地平整连片种植区域。

三、注意事项

1. 微生物农药需要提早施用，并要用足水量，以确保防效。

2. 化学农药要严格按标签说明使用，收获前用药要遵守安全间隔期，不得随意加大使用量。

3. 后期"一喷三防"药剂混配要注意配制顺序，以免影响药效。

（主笔人：王保通　赵中华）

长江中下游麦区小麦病虫害
全程防控技术模式

针对该区小麦赤霉病、条锈病、叶螨、蚜虫等，集成以农业防治（适时晚播，镇压、合理施肥等）为基础，抗病品种为关键，药剂防治赤霉病为主的全程防控技术模式。

一、技术要点

（一）农业防控措施

精细整地、适墒适期适量播种，以及播后镇压和及时灌溉等农艺措施，一播全苗、培育壮苗，增强植株抗病虫能力。实施秸秆粉碎、深翻还田，避免玉米、水稻等作物秸秆裸露在土壤表层，压低赤霉病菌源基数。同时，采用人工铲除和喷施除草剂的方法清除自生麦苗和杂草，预防小麦条锈病。

（二）种植抗（耐）病虫品种

选择对赤霉病有一定抗耐病品种，如扬麦、苏麦系列品种，避免盲目引种高产感病品种，减轻后期赤霉病流行风险。同时，兼顾条锈病防治，可选用鄂麦、绵麦、川麦等抗锈耐锈品种。

（三）药剂拌种

针对土传、种传和苗期病虫害，选用戊唑醇、苯醚甲环唑、咯菌腈、苯醚·咯菌腈、辛硫磷、吡虫啉等包衣或拌种。拌种时增加氨基寡糖素、芸苔素内酯等免疫诱抗或生长调节剂促进小麦根系发育，提高小麦抗逆性（抗冻、抗病、抗旱、抗涝等），提高产量。

（四）秋冬苗挑治

条锈病菌冬繁区，秋冬季加强病情监测，对早发病田采取"发现一点、控制一片"措施，选用三唑类杀菌剂喷雾防治。

（五）春季防治

2—3月，蚜虫发生严重的区域，可选用吡虫啉、吡蚜酮等高效低毒杀虫剂喷雾防治。3—4月，条锈病流行关键期，全面落实"带药侦查、打点保面"措施，当田间平均病叶率达到0.5%～1%时，进行大面积防治。药剂可选用嘧啶核苷类抗菌素或三唑酮、戊唑醇、氟环唑等均匀喷雾。4月上中旬，小麦抽穗扬花期是小麦赤霉病菌侵染的关键时期，选用氰烯菌酯、戊唑醇及其复配剂等进行防治。叶螨发生偏重时可选用阿维菌素和联苯菊酯等防治。

针对赤霉病防治，在加强栽培管理，平衡施肥，增施磷、钾肥，控制中后期小麦群体数量，并保证田间沟渠通畅，创造不利于病害流行的环境的基础上，主动用药预防，遏制病害流行。在小麦抽穗至扬花期遇有阴雨、露水和多雾天气且持续2d以上，应于小麦齐穗至扬花初期主动喷药预防，做到扬花一块防治一块；对高感品种，首次施药时间可适当提前。药剂可选用氰烯菌酯、咪鲜胺或丙唑戊唑醇、丙硫戊唑醇等相应的复配药剂等，要用足药量，施药后3～6h内遇雨，雨后应及时补治。对多菌灵产生高水平抗性的地区，应停止使用多菌灵等苯丙咪唑类药剂，改用氰烯菌酯、戊唑醇、丙硫菌唑等进行防治，以保证防治效果。

二、适用区域

本技术模式适用于长江中下游麦区小麦赤霉病、条锈病的防治。

三、注意事项

1. 条锈病冬繁区要加强冬季监测防控，减少向东部主产麦区传播菌源。

2. 化学农药要严格按标签说明使用，收获前用药要遵守安全间隔期，不得随意加大使用量。

3. 后期"一喷三防"药剂混配要注意配制顺序，以免影响药效。

4. 赤霉病防治区要注意轮换用药，减缓抗药性产生。

（主笔人：许艳云　张求东）

旱地小麦病虫害全程
防控技术模式

旱地小麦主要病虫害综合防治是从生态系统的总体观点出发，根据旱地小麦不同生育期间病虫害发生特点进行全程综合治理，以农业措施为基础，选用抗（耐）病品种，深翻土壤，适时播种，科学施肥等为主的健身栽培措施，优先采用物理、生物防治等技术，安全、科学、合理使用化学农药，综合防控小麦病虫害。

一、技术要点

（一）播前预防

1. 选用抗（耐）病品种，从源头减轻病害发生。选用适宜当地种植，丰产性好，抗（耐）锈病、纹枯病、白粉病等病害的品种。

2. 土壤深翻，清除秸秆中的病虫残体、保证土壤的通透性，压低病虫源基数。

3. 合理轮作倒茬，小麦种植连续 2～3 年后，改种大豆、油葵或药材等进行轮作，以减缓土传病害的发生危害。

（二）播种期

针对地下害虫、蚜虫和黄矮病等防治对象，采取土壤和种子处理。

1. 土壤处理。对地下害虫发生严重地块，当每平方米蛴螬≥2 头或金针虫≥5 头时，每亩使用 3％辛硫磷颗粒剂 3.0～4.0kg 加细土 20kg 均匀撒施，旋耕后播种。

2. 种子包衣、拌种。选用防病杀虫增产的高效复合种衣剂包衣，32％戊唑醇·吡虫啉悬浮种衣剂每 100kg 种子包衣药剂 300～500mL 或 27％苯醚甲环唑·咯菌腈·噻虫嗪悬浮种衣剂每 100kg 种子包衣药剂 200～600mL。也可用上述药剂相同有效成分的单剂进行拌种，拌种时注意顺序，并随拌随播，种子包衣应按照 GB/T 15671 的规定执行。

（三）出苗期—越冬期

对旱地小麦常发的白粉病、叶锈病、叶螨和地下害虫等及时进行防治。小麦叶螨和地下害虫，当每 33cm 行长红蜘蛛大于 200 头或每株有虫 6 头，地下害虫危害死苗率达到 3％时，选用哒螨灵、阿维菌素、联苯菊酯、吡虫啉、苦参碱、抗蚜威、高效氯氟氰菊酯等进行喷雾防治，白粉病、叶锈病病叶率达到 10％时，选用三唑酮、戊唑醇等喷雾防治。

（四）返青期—拔节期

重点防治小麦白粉病、纹枯病和叶螨，当小麦白粉病病叶率达到 10％或病情指数达到 1 以上，小麦纹枯病病株率达 10％左右，叶螨平均 33cm 行长螨量 200 头以上时，进行大面积防治，选用杀菌剂如井冈霉素、多菌灵、三唑酮等，杀螨剂如哒螨灵、阿维菌素等混合配制药液进行喷雾防治。

（五）孕穗期—扬花期

针对吸浆虫、蚜虫、条锈病、赤霉病和白粉病等多种病虫害，实施"一喷三防"，选用相应的杀菌剂、杀虫剂和植物生长调节剂或叶面肥等合理混用。小麦条锈病田间平均病叶率达到 0.5％～1％时，叶锈病病叶率在 1％～2％之间时，吸浆虫每 10 复网次有成虫 25 头以上，或用两手扒开麦垄，一眼能看到 2 头以上成虫时，蚜虫当田间百株蚜量达500～800 头，益害比低于 1∶150 时，单病、单虫达到指标应及时挑治、控制病点。多个病虫均达到指标时要立即喷雾防治，重发区要连续用药 2 次。特殊年份小麦扬花期遇有阴雨、露水和多雾天气且持续 2d 以上时，应主动喷药预防，力争做到扬花一块防治一块；对高感品种，首次施药时间提前至抽穗期，施药后 3～6h 内遇雨，雨后应及时补治。防治药剂可选用三唑类、氰烯菌酯、咪鲜胺等杀菌剂、苦参碱等植物源杀虫剂或抗蚜威、高效氯氟氰菊酯或吡虫啉等新烟碱类杀虫剂，叶面肥或植物生长调节剂等。

（六）灌浆期

小麦灌浆期主要防治蚜虫、白粉病、叶锈病和纹枯病。实施"一喷三防"措施。当田间发生单一病虫时，则进行针对性防治。当叶锈病病叶率达 3%～5%时，或白粉病病叶率达 10%时，组织开展大面积应急防治，防止病害流行危害。当病虫发生程度较重，田间病虫数量仍高于防治指标时，应进行第二次防治。小麦灌浆期当麦蚜百株蚜量达 800 头以上，立即喷雾防治。防治药剂可选用井冈霉素、三唑类等杀菌剂、苦参碱等植物源杀虫剂或抗蚜威、高效氯氟氰菊酯或吡虫啉等新烟碱类杀虫剂，叶面肥或植物生长调节剂等。

二、适宜区域

适宜我国北方旱地小麦主产区。

三、注意事项

1. 根据当地病虫害发生情况，合理安排抗（耐）病（虫）品种。

2. 病虫害防治时优先选用农业防治、理化诱控和生物防控。

3. 病虫害防控要根据当地植保部门的预报测报和田间调查，严格按照防治指标进行防治，避免盲目施药。

4. 施药时要求喷雾均匀周到，对移动性弱的害虫，要求叶片正反面都喷上药。

5.生物农药对害虫的速效性较差，一般药后24h方表现出杀虫作用，使用时不应因防效表现慢而随意加大用量。

（主笔人：张东霞　顾辉　赵中华）

冬小麦田杂草全程
减量控害技术模式

一、技术要点

（一）农业生态综合控草技术

通过清洁田园、合理密植、施用腐熟土杂粪肥，以及实行麦油、麦菜轮作倒茬等措施，可有效减轻伴生杂草的危害。提高整地质量、合理运筹施肥、加强苗期病虫害防治等，促使小麦全苗、壮苗、匀苗，提高小麦对杂草的竞争力。小麦播种前通过翻耕或旋耕整地灭除田间已经出苗的杂草，清洁和过滤灌溉水源，阻止田外杂草种子的输入。采取玉米秸秆覆盖、稻草覆盖，有效降低杂草出苗数。

（二）靶向差异除草剂轮换减量技术

推行不同作用机理除草剂交替使用，江淮流域水旱轮作麦区采用"封杀结合"策略。小麦播后苗前，选用吡氟酰草胺、异丙隆及其复配剂进行土壤封闭处理。小麦3～6叶期、杂草3～4叶期（秋季或早春），选用唑啉草酯、氟唑磺隆、啶磺草胺及其复配剂防治日本看麦娘、茵草等禾本科杂草；选用氯氟吡氧乙酸、氟氯吡啶酯、双氟磺草胺防治猪殃殃、牛繁缕等阔叶杂草。黄河流域旱旱轮作麦区，采用"杀补结合"策略。秋季杂草出苗85％以上时，喷施茎叶处理除草剂，选用唑啉草酯、啶磺草胺、氟唑磺隆及其复配剂防治雀麦、野燕麦等禾本科杂草，选用甲基二磺隆防治节节麦，选用双氟磺草胺、氯氟吡氧乙酸、双唑草酮等防除猪殃殃、播娘蒿等阔叶杂草。翌年春季根据杂草发生情况，补施上述不同作用机理除草剂。

（三）多靶标除草剂协同减量技术

以"ALS－ACCase抑制剂、ALS－HPPD抑制剂"等不同作用靶标的除草剂联合施用，减轻单一除草剂使用的选择压，减缓杂草抗药性。针对麦田抗性播娘蒿、日本看麦娘等恶性杂草，通过多点药剂试验示范，筛选出吡酰·异丙隆、异隆·丙·氯吡等10多个多靶标除草剂及配套产品，为安全用药和抗性治理提供了新方案。

二、适宜区域

我国冬小麦主产区，包括河北、山西、江苏、安徽、山东、河南、湖北、陕西等省份。

三、注意事项

春后杂草防治，严格掌握在小麦拔节前用药。严格按照推荐剂量使用，不超量、不重喷、不漏喷。推行除草剂合理混配和交替使用，延缓抗药性的产生和发展。在强筋麦、优质麦上严禁使用甲基二磺隆及其复配制剂，以免出现药害。

（主笔人：李香菊　张帅　秦萌）

东北春玉米病虫害全程
绿色防控技术模式

东北地区玉米苗期病虫害主要有玉米丝黑穗病、茎腐病、线虫矮化病、蚜虫、地下害虫，中后期病虫害主要有玉米螟、双斑长跗萤叶甲、大斑病、炭疽病等。防治策略上应坚持因地制宜、统防统治、绿色防控的要求，大力推进专业化防治服务与绿色防控融合。

一、技术要点

（一）种苗期

1. 选用抗病虫品种。根据当地生产、经济条件，病虫害发生危害等情况，选择适宜当地种植的高产优质、适应性广、抗逆强，种子质量高的优质品种。

2. 合理密植、间作、轮作。根据品种特性确定合理的种植密度。采用合理轮作、种养结合等农艺措施，提倡与矮秆作物如豆科或花生间作，减少病虫害的发生。

3. 播前灭茬。播种前清除田间植株残体和根茬。

4. 重点防治土传、种传病害和地下害虫。采用种衣剂包衣，同时兼治苗期病虫害。丝黑穗病可用戊唑醇种衣剂包衣（戊唑醇含量要达到10kg种子0.8g）；茎腐病、根腐病可用咯菌腈种衣剂或咯菌·精甲霜种衣剂包衣；线虫矮化病可用多克福种衣剂包衣（克百威含量须达到10%）；玉米蚜虫、斑须蝽、金针虫、蛴螬等苗期害虫和部分地下害虫可用吡虫啉、噻虫嗪种衣剂包衣；小地老虎可使用溴氰虫酰胺种衣剂包衣。

（二）玉米生长中后期

1. 玉米叶斑类病害。 根据病情摘除植株基部黄叶、病叶，减少再次侵染菌源，增强通风透光度。在玉米心叶末期，选用枯草芽孢杆菌、苯醚甲环唑、丁香菌酯、吡唑醚菌酯等杀菌剂喷施，视发病情况隔7～10d再喷一次。

2. 玉米螟、黏虫、棉铃虫等蛀食性害虫。 于成虫羽化初期应用杀虫灯、性诱剂、食诱剂诱杀，成虫产卵初期释放赤眼蜂灭卵，抓住低龄幼虫防控最佳时期进行田间喷雾防治。①灯光诱杀。在虫源地或田块周边设置杀虫灯，开灯时期一般为6月下旬至7月下旬，一般情况下每台灯相隔150～200m，平均每台灯可控制周边农田面积30～50亩。②性诱剂诱杀。按高于作物30cm，每亩挂放一个性诱捕器，诱杀雄成虫，根据诱芯持效期适时更换诱芯，及时清理诱捕器内的害虫。③释放赤眼蜂。释放松毛虫赤眼蜂等寄生蜂。放蜂2～3次，每次放蜂间隔5～7d。每亩总放蜂量为15 000头，每次每亩放5 000～10 000头，每次放两个点。④食诱剂防治。7月下旬至8月上旬成虫始盛期，田间每亩设置1～2个诱捕器或间隔50～100m茎叶条带撒施方式应用生物食诱剂诱杀成虫。⑤药剂防治。选用苏云金杆菌、球孢白僵菌、甘蓝夜蛾核型多角体病毒等生物农药，或氯虫苯甲酰胺、四氯虫酰胺、甲氨基阿维菌素苯甲酸盐等化学药剂喷雾防治，如果虫害发生较重，应在穗期加喷一次。

3. 双斑长跗萤叶甲。 于成虫盛发期田间喷雾防治，重点喷药部位为受害叶片背面和雌穗周围。药剂可选择阿维菌素、吡虫啉等。

4. 玉米蚜虫。 玉米抽雄期，田间蚜虫点片发生时期喷施苦参碱、噻虫嗪、吡虫啉等药剂防治。

（三）飞机航化防控病虫害技术

有条件地区可应用固定翼、直升机或无人机航化作业防治病虫害。药剂可参考田间喷雾用药。药剂剂型应使用航化专用剂型，并添加航化专用助剂。

二、适用区域

本技术模式适用于东北地区的春玉米生产，包括黑龙江、吉林、辽宁和内蒙古东部的春玉米产区。

三、注意事项

1. 该技术模式适合面积较大，且集中连片的玉米种植区域。

2. 应用赤眼蜂防控技术时，农户领到蜂卡后要在当日的上午放出，不可久储。万一遇大雨不能放蜂，可暂时储存，选择阴凉通风的仓库，把蜂卡分散放置。挂卡时，叶片不可卷得过紧，以免影响出蜂。更不可随意夹在叶腋上，以免蜂卡失效。避免大雨或者大风等恶劣天气放蜂。

3. 应用生物农药防控病虫害时，施药时期应适当提前，在病虫发生初期使用。

4. 注意用药安全。喷药时应严格按照《农药安全使用规范 NY/T 1276—2007》及《喷杆式喷雾机安全施药技术规范 NY/T 1876—2010》施药。

（主笔人：李鹏　朱晓明　陈立玲）

东北春玉米田莠去津减量除草技术模式

一、技术要点

莠去津属于光系统 II 抑制类除草剂，广泛应用于玉米、甘蔗、高粱等作物田做苗前或苗后早期处理防除阔叶杂草和部分禾本科杂草，已成为我国使用最广泛的除草剂之一。但是莠去津土壤残留期长，尤其在东北地区土壤干旱、黏重、有机质含量高、温度低、降雨少的环境下降解更加缓慢，易导致敏感作物尤其是阔叶作物如大豆、花生、菜类、瓜类等的残留药害。另外，莠去津的水溶性大，易被雨水淋溶，进入地下水中污染环境。因此，玉米生产中特别是在东北春玉米产区应采取有效措施，减少莠去津使用量。

（一）农业生态绿色控草技术

田间沟渠、地边和田埂生长的杂草结实前及时清除，防止杂草种子扩散入玉米田危害。根据玉米品种特性选择种植密度，加强水肥管理培育壮苗，抑制杂草发生和生长。采取玉米间作套种大豆、花生、绿豆等作物，减少伴生杂草发生。在玉米苗期和中期，结合施肥，采取机械中耕培土，防除行间杂草。上茬小麦、油菜等作物收获时，采用秸秆覆盖技术减低玉米田杂草出苗数。

（二）莠去津土壤封闭替代技术

东北春玉米产区，播后苗前土壤封闭处理除草剂主打品种以莠去津及其与乙草胺、2,4-滴丁酯等复配制剂为主，市场占有量与使用面积均达80%以上，吉林、黑龙江部分地区达90%以上。通过药剂试验示范，玉米播后苗前，可选用乙草胺（异丙甲草胺等）和唑嘧磺草胺混配或异恶唑草酮、噻酮磺隆等混配替代莠去津、2,4-滴丁酯进行土壤封闭。

（三）莠去津茎叶处理减量技术

东北春玉米产区，茎叶喷雾处理占比面积60%以上，除草剂主打品种是莠去津与烟嘧磺隆、硝磺草酮等复配剂为主。通过药剂试验示范，在玉米3～5叶期，杂草2～6叶期，选用苯唑草酮、苯唑氟草酮、噻酮·异恶唑、硝磺草酮以及上述药剂和莠去津混配进行茎叶喷雾处理，莠去津亩有效成分用量不能高于38g。同时，施药时加入助剂GYM或NF-100（喷液量的0.1%～0.2%），可降低莠去津单位面积的使用量。

二、适宜区域

我国东北玉米主产区，包括内蒙古、辽宁、吉林、黑龙江等省。

三、注意事项

使用过莠去津的玉米田，要谨慎选择下茬作物，以防产生药害。

（主笔人：纪明山　张帅　任宗杰）

草地贪夜蛾周年繁殖区
防控技术模式

以玉米为重点，兼顾小麦、高粱等寄主植物，适时开展大田普查，抓住低龄幼虫防治关键期，注重区域联防和统防统治。要注重防控境外迁入虫源，遏制当地繁殖，减少迁出虫源数量。

一、技术要点

（一）生态控制

加强田间管理，实施健身栽培技术，提高玉米耐害性；科学选择种植抗虫性强、高产、优质品种，提高作物自身的抗虫性。在主要迁入通道口采取替代种植。同时，在玉米地可间作套种豆类、洋葱、瓜类等对害虫具有驱避性的植物或种植天敌诱集植物，减少草地贪夜蛾虫量。在田边地头有计划地种植显花植物，营造有利于天敌栖息的生态环境。

（二）生物防治

作物全生育期注意保护利用夜蛾黑卵蜂、盘绒茧蜂等寄生性天敌和蠼螋、猎蝽、花蝽、草蛉等捕食性天敌，开展人工释放赤眼蜂等天敌昆虫技术。在低龄幼虫期，因地制宜选择生物农药，如甘蓝夜蛾核型多角体病毒、苏云金杆菌、金龟子绿僵菌、球孢白僵菌等喷施或撒施，持续控制草地贪夜蛾种群数量。

（三）灯光诱杀

在集中连片种植区，自出苗后，按照单灯辐射半径120m的标准安置频振式长波杀虫灯。根据田块形状采取棋盘状或闭环状布设杀虫灯。对于玉米等高于1.5m的高秆作物，适当提高挂灯高度。

（四）性诱捕杀

在集中连片种植区，自出苗后，按照每亩设置1个诱捕器的标准（集中连片使用，面积超过1 000亩，可按1.5～2亩1个诱捕器标准设置）全生育期应用性诱剂捕杀成虫。诱捕器安装从上风口向里均匀摆放，间距30～35m。注意田边的杂草分布，田边、地角诱捕器设置密度可以适当增加。苗期诱捕器进虫口距离地面1～1.2m，后期则高于植株顶部15～25cm，随着玉米生长，应注意调节诱捕器高度。在使用期内，根据诱芯的持效期，及时更换诱芯，以达到最佳的诱杀效果。

（五）施药防治

在全生育期实施性诱防控等综合防控措施的基础上，根据虫情调查监测结果，当田间玉米被害株率或低龄幼虫量达到防治指标时（玉米苗期、大喇叭口期、成株期防治指标为：被害株率5％、20％和10％，对于世代重叠，危害持续时间长，需要多次施药防治的田块，也可采用百株虫量10头的指标），及时选用甲氨基阿维菌素苯甲酸盐、乙基多杀菌素、虱螨脲、氯虫苯甲酰胺、虫螨腈防治，也可使用复配制剂，要根据农药使用说明进行施药。采用常量喷雾为主的，喷施药液量为30～45L/亩。以植保无人机低容量喷雾的，需要添加植物油助剂，施药液量控制在3L/亩，同时要添加飞防助剂等产品。除微生物农药类外，每类药剂在一季作物上使用次数一般不超过2次。14d以后，根据田间幼虫发生情况，确定是否需要再次施药，注意轮换用药，施药时间选择清晨或者傍晚草地贪夜蛾幼虫活动取食阶段，注意喷洒玉米心叶、雄穗或雌穗等关键部位。同时，积极开展颗粒撒施、拌土撒施和拌种等方式的防控技术。

二、适宜区域

本模式适用于我国草地贪夜蛾周年繁殖区（1 月份 10℃等温线），包括云南、广东、海南、广西四省（自治区）以及福建、四川、贵州三省南部区域。

三、注意事项

1. 周年繁殖区全年都有玉米种植，能持续为草地贪夜蛾提供适生环境，特别是冬季鲜食玉米种植为草地贪夜蛾越冬提供了优越的寄主条件，一年可发 8～10 代，在防控上要突出可持续治理及交替轮换用药。该区域植被多样、生物多样性丰富，要充分利用生态防控资源。为保护利用自然天敌及人工释放天敌，防治药剂尽量选择对天敌昆虫友好或杀伤性小的药剂。

2. 应用赤眼蜂防控技术时，蜂卡宜在当日的上午放出，不可久储。万一遇大雨不能放蜂，可暂时储存，选择阴凉通风的仓库，把蜂卡分散放置。挂卡时，叶片不可卷得过紧，以免影响出蜂。更不可随意夹在叶腋上，以免蜂卡失效。避免大雨或者大风等恶劣天气放蜂。

3. 应用生物农药防控草地贪夜蛾时，施药时期应适当提前，抓住幼虫初孵至 3 龄以前，幼虫 3 龄以后开始钻蛀危害并进入暴食期，增加防控难度。

（主笔人：朱晓明　郑静君　太一梅　沈云峰）

草地贪夜蛾迁飞过渡区
防控技术模式

草地贪夜蛾迁飞过渡区要在加强虫情的基础上，采取综合防治措施，重点扑杀迁入种群，诱杀成虫，扑杀本地幼虫，压低过境虫源基数。4—6月密切监测南方虫源迁入，重点做好玉米上害虫的防控；7—10月重点做好玉米、小麦等作物上害虫的防控。

一、技术要点

（一）种子处理

在播种前，选择含有氯虫苯甲酰胺、溴酰·噻虫嗪等成分的种衣剂进行种子包衣或药剂拌种，防治苗期草地贪夜蛾，持效期可保持至苗后15d左右。

（二）生态控制

趁墒集中播种，缩短玉米幼株与草地贪夜蛾幼虫重合时间。安徽沿淮及其以南玉米产区减少玉米不同生育期混作，减少桥梁过渡田。淮北夏玉米种植区因地制宜采取间作套种，充分保护农田自然环境中的寄生性和捕食性天敌，发挥生物多样性的自然控制优势，形成生态阻截带。在田边地头有计划地种植显花植物，营造有利于天敌的生态环境。尽量多施有机肥，选择种植抗虫性强、高产、优质品种，提高作物自身的抗虫性。

（三）生物防治

注意保护利用田间瓢虫、蜘蛛、草蛉、蠋蝽等自然天敌。根据田间调查和预测预报，在蛾高峰期，按照每亩 15 000 头的标准，间隔 5～7d 分两次释放玉米螟赤眼蜂、松毛虫赤眼蜂、螟黄赤眼蜂等卵寄生性天敌；或在卵孵化初期喷施苏云金杆菌、球孢白僵菌、金龟子绿僵菌、多杀霉素、甘蓝夜蛾核型多角体病毒等生物农药。

（四）性诱捕杀

在集中连片种植区，自出苗后，按照每亩设置 1 个诱捕器的标准，在成虫发生期应用性诱剂捕杀雄虫。诱捕器放置在沿玉米地边缘或中间，间隔 30～35m，采用外密内疏的原则放置。苗期诱捕器进虫口距离地面 1～1.2m，后期则高于植株顶部 15～25cm，随着作物生长，应注意调节诱捕器高度。在使用期内，根据诱芯的持效期，及时更换诱芯，以达到最佳的诱杀效果。

（五）施药防治

根据虫情调查监测结果，重点关注玉米大喇叭口期和成株期，当田间玉米被害株率或低龄幼虫量达到防治指标时（大喇叭口期、成株期防治指标为：被害株率 20% 和 10%，也可采用百株虫量 10 头的指标），集中连片区域实施统防统治和联防联控，分散发生区域实施重点挑治和点杀点治。药剂选用甲氨基阿维菌素苯甲酸盐、甲维·氟铃脲、乙基多杀菌素、虱螨脲、茚虫威喷雾防治，也可推广化学农药＋绿僵菌油悬浮剂在草地贪夜蛾低龄幼虫期（1～3 龄）叶面喷雾。药剂防治要在清晨及傍晚施药，突出玉米心叶、雄穗或雌穗等部位。施药防治时用水量要足，采用常量喷雾为主的，亩喷施药液量为 30～45L；以自走式喷杆喷雾机为主的，采取细雾滴均匀喷雾方式，玉米苗期亩施药液量为 10～15L，玉米中后期亩施药液量大于 25L；以植保无人机低容量喷雾的，亩施药液量控制在 3L，同时要添加飞防助剂等产品。除微生物农药类外，每类药剂在一季作物上使用次数不超过 2 次。施药后及时调查观测防治效果；14d 后根据田间幼虫发生情况，确定是否需要再次施药，注意轮换用药。

二、适宜区域

本模式适用于我国草地贪夜蛾迁飞过渡区，包括福建、四川、贵州三省北部，重庆、西藏、江西、湖南、湖北、浙江以及江苏、安徽中南部地区。

三、注意事项

1. 为保护利用自然天敌及人工释放天敌，尽量选择对天敌昆虫友好或杀伤性小的药剂。

2. 应用赤眼蜂防控技术时，蜂卡宜在当日的上午放出，不可久储。万一遇大雨不能放蜂，可暂时储存，选择阴凉通风的仓库，把蜂卡分散放置。挂卡时，叶片不可卷得过紧，以免影响出蜂。更不可随意夹在叶腋上，以免蜂卡失效。避免大雨或者大风等恶劣天气放蜂。

3. 应用生物农药防控草地贪夜蛾时，施药时期应适当提前，抓住幼虫初孵至 3 龄以前，幼虫 3 龄以后开始钻蛀危害并进入暴食期，增加防控难度。

4. 迁飞过渡区玉米种植方式有春、夏、秋玉米三种，从近两年情况看，存在春、夏玉米分散为害，秋玉米集中为害的特点。虽然秋玉米种植面积比例较小，但是发生危害较重，要注重秋玉米田草地贪夜蛾的监测防控。

（主笔人：朱晓明　谢原利　王京京　徐翔）

东北大豆主要病虫害
综合防治技术模式

大豆主要病虫害综合防治是从生态系统的总体观点出发，根据大豆生育期间的主要病虫害发生为害情况进行全面治理，以农业技术为基础，实行合理轮作，种植抗（耐）病品种，合理密植及适期播种，采取系列健身栽培措施，优先采用物理防治、生物防治等技术，综合防控大豆病虫害。

一、技术要点

（一）农艺措施

综合运用农业技术改善大豆生长发育的环境，以便减少病虫害的发生与发展。

1. 合理轮作，减少土传病害和以大豆为寄主的转化性虫害。

2. 深耕深松，打破犁底层，保证土壤水分的通透性，采用300hp以上的拖拉机进行深松，深松深度在30cm以上。

3. 合理密植，采用垄三栽培模式，每公顷保苗25万～28万株；采用110cm大垄栽培模式，每公顷保苗35万～40万株。

4. 合理施肥，增施有机肥，采用测土配方施肥技术，避免单纯施用氮肥，防止贪青、徒长、倒伏，提高大豆的抗病虫能力，促进大豆健壮发育。

5. 及时中耕，加强田间排水。

（二）主要病害防治技术

1. 大豆根腐病。实行与禾本科作物 3 年以上轮作，优先选用饱满、无伤的高质量抗（耐）病品种，适时晚播，播种深度不能超过 5cm，加强栽培管理，及时进行中耕培土，低洼地块及时挖沟排水，中耕散墒。种子处理可使用含有多菌灵、福美双＋杀虫剂成分的种衣剂、含有咯菌腈＋精甲霜灵成分的种衣剂或宁南霉素水剂拌种。由疫霉菌引起的大豆根腐病区应使用含有咯菌腈＋精甲霜灵成分的种衣剂包衣。

2. 大豆胞囊线虫病。发生较重地区应实施 3 年以上轮作或种植抗（耐）线品种。同时合理施肥，积极使用生物菌肥（如侧孢短芽孢杆菌等），改善土壤环境，减轻病害发生。生物防治可使用淡紫拟青霉菌剂拌种或随种肥施入，如采取种子处理，可选用含有丁硫克百威成分的种衣剂包衣，或用阿维菌素拌种。

3. 大豆菌核病等生长期病害。发现大豆菌核病中心病株及时拔除，带出田外深埋处理，并对中心病株周围喷药保护或全田施药，防止病情扩散。田间药剂防治可使用腐霉利、菌核净、咪鲜胺等。防治大豆灰斑病、霜霉病等后期叶部病害，可使用嘧菌酯、咪鲜胺等广谱性药剂，做到"一喷多防"。

（三）主要虫害防治技术

1. 地下害虫及苗期害虫。可用含有丁硫克百威成分的种衣剂进行种子处理。蛴螬发生严重地块也可用辛硫磷或毒死蜱颗粒剂随种肥施用。防治地老虎，宜设置糖醋酒盆诱杀成虫；或割青草间隔 5m 堆成堆，在堆底喷洒 300 倍液 80％敌敌畏可溶液剂诱杀幼虫。防治二条叶甲、跳甲、蒙古灰象甲、黑绒金龟子等苗期害虫，可使用印楝素等生物药剂或毒死蜱、高效氯氟氰菊酯等化学药剂。

2. 大豆食心虫。①诱杀成虫。成虫进入发生盛期（当大豆食心虫成虫田间出现打团，并且每团蛾量出现成倍增长的现象）1～2d 内开始防治成虫。可用高粱或玉米秆吸足敌敌畏药液，田间每隔 5 垄插一行，每行间隔 5～6m 插一根药棒，进行田间熏蒸。要注意敌敌畏对高粱有害，距高粱 20m 以内的豆田内不能使用。还可使用性诱剂或食诱剂诱杀成虫防治。②防治幼虫。可使用苏云金杆菌（Bt）、印楝素等生物药剂或氯虫苯甲酰胺、四氯虫酰胺、甲氨基阿维菌素苯甲酸盐、高效氯氟氰菊酯等化学药剂，可同时兼防其他食叶类害虫。

3. 大豆蚜虫、蓟马和红蜘蛛。当田间有蚜株率超过 50％、百株蚜量达 1 500～3 000 头，且天敌数量较少或植株卷叶率超过 5％时，应进行防治。可选用植物源农药苦参碱、金龟子绿僵菌或啶虫脒、吡虫啉等化学药剂。在同时发生红蜘蛛的地块，以上药剂可与阿维菌素混用兼防。

4. 苜蓿夜蛾等食叶类害虫。合理轮作，深翻、中耕，可减少虫源。田间虫量少时，可用纱网、布袋等顺豆株顶部扫集，或用手振动豆株，使虫落地，就地消灭。田间喷雾防治应在幼虫 3 龄前，可选用苏云金杆菌（Bt）、印楝素等生物药剂或氯虫苯甲酰胺、四氯虫酰胺、甲氨基阿维菌素苯甲酸盐、高效氯氟氰菊酯等化学药剂。

二、适宜区域

适宜我国东北大豆主产区。

三、注意事项

1. 根据当地病虫害发生情况，合理安排抗（耐）病（虫）品种。
2. 病虫害防治时优先选用农艺措施、理化诱控和生物防控。
3. 病虫害防控要根据当地植保部门的预报测报和田间调查，严格按照防治指标进行防治，避免盲目施药。
4. 施药时要求喷雾均匀周到，对移动性弱的害虫，要求叶片正反面都喷上药。

5. 生物农药对害虫的速效性较差，一般药后 24h 方表现出杀虫作用，使用时不应因防效表现慢而随意加大用量。

（主笔人：李鹏　宫香余　朱晓明）

大豆苗后早期一次封杀除草技术模式

大豆苗后早期一次封杀除草技术模式，采用土壤喷雾和茎叶喷雾相结合的方式，在大豆1～2片三出复叶期施药，具有封闭、杀除的双重功效，能够显著降低杂草防治成本，可有效解决不适合进行播后苗前土壤封闭地块的除草问题及苗后茎叶处理后再次出草的问题。该技术模式已在辽宁、黑龙江和内蒙古开展了大规模试验示范，示范区杂草防治效果达到95％以上，较"一封一杀"常规除草模式节省成本30元/亩，较单独茎叶喷雾对照区增产20％以上。

一、技术要点

（一）主要成分及混用比例

大豆苗后早期一次性封杀除草技术采用24％烯草酮乳油、10％乙羧氟草醚微乳剂和50％乙草胺乳油现场桶混的方式进行，其有效成分质量比为烯草酮：乙羧氟草醚：乙草胺＝1∶1.25∶15～20。

（二）施药量及喷雾量

每公顷使用制剂量为3 360～4 533mL（土壤有机质含量低用低剂量，有机质含量高用高剂量），采用喷杆喷雾机施药，每公顷喷药液量450～600L。

（三）施药时期

施药时期为大豆苗后早期，具体为大豆1～2片三出复叶，杂草

1.5～2.5 叶。

二、适宜区域

大豆苗后早期一次封杀除草技术适用于辽宁、吉林、黑龙江、内蒙古等春大豆种植区，特别适合土壤墒情较差、整地质量较低或偏砂性土壤等不适合进行土壤处理的地块。

三、注意事项

1. 施药时期要确保准确，大豆和杂草植株过大会影响除草效果。

2. 杂草发生过重的地块（出草量大、形成草毯）会影响本技术对再次出苗杂草的封闭效果，不宜采用。

3. 气温低于 15℃或高于 28℃，风力 3m/s 以上时不宜使用本技术。

（主笔人：纪明山　张帅　任宗杰）

TBS 灭鼠技术模式

TBS（Trap - Barrier System）灭鼠技术也叫围栏陷阱法，是指使用捕鼠器＋围栏系统进行鼠类控制的方法，其原理是在保持原有生产措施与结构的前提下，不使用杀鼠剂和其他药物，利用鼠类的行为特点，通过捕鼠器与围栏相结合的形式控制农田害鼠的技术措施。该技术是近年来国际上兴起的一项农田害鼠绿色防控技术，目前已在我国各地小麦田、水稻田、大豆田、马铃薯田、玉米地、蔬菜地等生境类型地广泛应用，取得了显著效果。同时，该技术也可用于开展田间鼠情监测。

一、技术要点

（一）TBS 灭鼠围栏使用材料

捕鼠筒：材料为铝铁皮，厚度约为 0.5mL，呈半圆形，筒直径上部 25～30cm，下部 30～35cm，筒高 50～55cm，底部留 4 个直径小于 0.5cm 的圆孔，使筒内雨水能够渗出。围栏及固定杆：围栏材料为金属筛网，孔径≤1cm、高度＞50cm；固定杆材料为钢筋，长 100cm，作用是固定围栏，其间距为 4～5m。

（二）TBS 灭鼠围栏使用类型

主要有常规封闭式（矩形）TBS 灭鼠围栏、开放式（直线型）TBS 灭鼠围栏、超大封闭式 TBS 灭鼠围栏、超大开放式 TBS 灭鼠围栏四种。

（三）TBS 灭鼠围栏安装方法

常规封闭式（矩形）TBS 灭鼠围栏：围栏长 20m，宽 10m，围栏地上部分高度 30~40cm，埋入地下深度>20cm，用固定杆固定，沿围栏边缘每间隔 4m 埋设 1 个捕鼠筒，围栏长边放置 4 个捕鼠筒，短边放置 2 个捕鼠筒，共 12 个捕鼠筒，捕鼠筒直边紧贴围栏，上沿与地面平行，并在围栏上剪一个宽 15cm、高 10cm 的方形开口，供鼠类进入。开放式（直线型）TBS 灭鼠围栏：在田间按直线直接安装 1 个 60m 开放式 TBS 灭鼠围栏，或者按直线安装 2 个 30m 开放式 TBS 灭鼠围栏，每 5m 埋设 1 个捕鼠筒，共 12 个捕鼠筒。超大封闭式 TBS 灭鼠围栏：根据田间地形，沿田埂或土边安装多个 TBS 灭鼠围栏，围栏封闭，不限长度和形状，每隔 5m 埋设 1 个捕鼠筒，捕鼠筒数量不限，使用超大封闭式 TBS 灭鼠围栏控制害鼠，可根据当地实际情况增加围栏长度和捕鼠筒数量，实现对更大范围内害鼠的控制。超大开放式 TBS 灭鼠围栏。根据田间地形，沿田埂或土边安装多个 TBS 灭鼠围栏，围栏不封闭，长度不限，每 5m 埋设 1 个捕鼠筒，捕鼠筒数量不限。

（四）设置技术

平坝区可选择使用常规封闭式（矩形）TBS 灭鼠围栏、超大封闭式 TBS 灭鼠围栏；山区、坡地可选择使用开放式（直线型）TBS 灭鼠围栏、超大开放式 TBS 灭鼠围栏。围栏内作物可早于围栏外作物 7~10d 播种，使其围栏内作物长势早于围栏外作物长势，有利于诱捕鼠类。农田每 300~500 亩安装 4 个围栏，每个围栏相距 100m，围栏设置数量不限。

（五）维护技术

定期查看捕鼠筒，取出捕获鼠类。发现青蛙、蛇等有益动物掉入捕鼠筒内要及时取出放生。及时清除 TBS 灭鼠围栏捕鼠筒内的淤泥、积水和杂物等，以便鼠类能够顺利进入。

二、适宜区域

适用于旱地耕作区、草原、林区的鼠害防控。特别是在经济作物生产区使用 TBS 围栏灭鼠，更具有经济价值。

三、注意事项

在开展 TBS 围栏灭鼠过程中，操作人员应佩戴口罩、手套、胶鞋等防护用品，随身携带灭杀病媒生物药剂和消毒液，禁止裸手接触鼠类，操作结束后，必须用肥皂洗手、洗脸，清水漱口，及时清洗防护用品。

（主笔人：王登　杨再学　秦萌　任宗杰）